당신이 인간인 이유

THE SCIENCE OF BEING HUMAN

THE
SCIENCE
OF
BEING
HUMAN

그래서 왜,
어떻게 우리가 인간이
된 거지?

당신이 인간인 이유

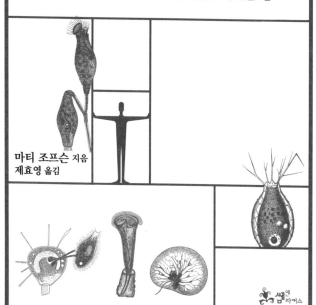

마티 조프슨 지음
제효영 옮김

쌤앤파커스

나를 박물관에 데려가 주신 아버지께 바칩니다.

들어가며_ 무엇이 우리를 인간으로 만드나?   10

1

우리는 누구일까?

'호모 사피엔스'라는 이름   17

사람속의 유일한 종, 사피엔스   26

인간과 네안데르탈인의 만남   36

계속 진화하는 인간   45

인간 세포 지도   55

2

불편한 생물학적 진실들

인간은 왜 스스로를 길들이는가?　　　　　　69

여러 가지 피부색이 등장한 이유　　　　　　78

죽음의 속도, 죽음의 신호　　　　　　88

죽을 뻔한 경험과 진짜 죽는 것의 차이　　　　98

집중해야 한다면, 참아라　　　　　　107

3

가상공간에서 인간으로 살기

불쾌한 계곡과 인간에 근접한 존재　　　　　121

인간의 언어, AI의 언어　　　　　　129

협력하려는 본성이 사라지는 이유　　　　　140

피드백, 보상, 중독　　　　　　151

4

인간만이 가진 특이성

장소에 대한 감각   167
우리는 세균으로 이루어졌다   177
치매와 치아   189
운동은 고통이다   199
숫자 인식의 이중 구조   212
털은 왜 사라졌나?   220

5

사람을 속이는 법

3차원의 조건, 조절과 수렴   231
거짓말의 기술   244
중국 음식 증후군   258
미각과 후각을 믿지 마라   273

6

군중 속에서 살아남기

유체역학을 거스르는 군중	283
달걀 타이머 수수께끼	288
'빛의 날개'를 폐쇄한 이유	296
줄 서기의 수학	304
비행기 빨리 타는 법	312
유령 정체	322

감사의 말	330

무엇이 우리를 인간으로 만드나?

우리는 서로 공통점이 많다. 혹시 여러분이 매운 음식과 보드게임을 좋아하고, 한적한 시골길을 거니는 것, 20세기 초반에 나온 장르 소설 읽기를 즐긴다면, 나와 최소한 몇 가지 공통점이 있는 셈이다. 그리고 모두의 공통점이라고 확실하게 말할 수 있는 몇 안 되는 것 중 하나는 바로 우리가 '인간'이라는 것이다. 그럼 인간이라는 것은 무슨 뜻이고, 과학적으로 어떤 의미가 있을까?

나는 이 질문의 답을 여러 방면으로 찾아보았고, 과학에서 누구도 예상하지 못한 분야까지 기웃거렸다(수학도 꽤 들여다볼 필요가 있었다). 그렇게 '인간이 된다는 것being human'이 무엇인지를 여러 각도에서 바라보려고 노력하면서 흥미로운 정보를 찾아냈다. 나는 인류의 기원을 출발점으로 삼고, 인류의 기원에 관한 최신 연구결과를 계속 확인했다. 지금이 인류의 진화적 역사와 인간이 되는 기이한(?) 일에 관한 새로운 사실이 계속 발견되는 황금기인 만큼, 모든 연구를 살펴본다는 것은 쉽지 않은 도전이다. 예를 들어, 세균이 인간의 삶에 끼친 영향은 물론이고 인간의 행동양식이 어떻게 변화하는지 역시 과학계의 관심이 쏟아지는 주제다.

이와 더불어 오늘날 인간이 맡은 역할과 위치도 함께 탐구했다. 현재 우리가 사는 세상과 선조들이 진화해온 세상은 분명히 다르고, 우리는 여전히 '탐색자' 위치에 있다. 나는 사냥과 채집 사회의 구성원으로 진화한 호모 사피엔스의 방식이 24시간 인터넷과 연결된 삶으로 이어진다고 생각하기에 디지털 세상에 관한 이야기도 다룰 예정이다. 광고에서 뭐라고 떠들어대든 기술과 인체의 상호작용은 그리 간단한 문제가 아니기 때문이다.

이 책에서는 대중 과학 분야에서 '인간이 된다는 것'을 조명할 때 간과할 수 있는 많은 영역을 살펴볼 것이다. 우리는 섬처럼 사는 존재가 아니며, 다른 사람과 더불어 사는 존재다(많은 사람이 그렇게 알고 있다). 세계 인구가 증가하자 인간은 더욱 많은 사람과 함께 지내게 되었다. 그러나 사실 인간이 이렇게 무리 지어 상호작용하는 방식은 우리가 생각하는 모든 물리학 법칙에서 벗어난다. 인간이 모여 있을 때 일어나는 일을 설명하려면, 새로운 규칙과 패러다임을 찾아야 한다.

 이 책을 쓰면서 제대로 알게 된 가장 큰 교훈이 하나 있다. 생물학은 엉망진창이라는 것이다. 물리학자, 공학자 그리고 화학자의 경우 일정 범위에서 세상을 방정식과 수학으로 확실히 규명하고 연구한다. 반면 생물학계는 인류를 포괄하는 넓은 범위를 다룬다는 점에서 멋져 보일 수는 있어도, 동시에 불필요하고 알 수 없을 만큼 복잡하며 반反 직관적이다. 과학적인 주제가 무엇보다 흥미로운 것도 이런 이유 때문이다. 그리고 내게는 인간다움의 과학적 의미만큼 매혹적인 것이 없다.

JUST WHO
DO YOU THINK
YOU ARE?

우리는 누구일까?

1

'호모 사피엔스'라는 이름

나는 '호모 사피엔스'라는 생물 종에 속한다. 이 점에 관해서는 큰 의견 차이가 없기를 바란다. 내 생각에는 여러분도 '호모 사피엔스'의 일원이다. 이 '호모 사피엔스'라는 단어는 우리가 똑같이 '인류'라는 사실을 과학적으로 설명해줄 수 있다. 그렇다면 호모 사피엔스라는 것은 정확히 무슨 뜻일까? 나와 여러분이 사람인 건 분명한 것 같지만, 이 말의 의미를 따져보기 시작하면 그런 확신이 조금씩 약해진다.

과학에서 '호모'와 '사피엔스'라는 두 단어는 여러 동물, 새, 파충류, 식물이 어떤 종류인지를 정하기 위해 마련된 생물학적 분류 체계의 마지막 분류 항목이다. 이 체계는 1735년 18세기의 위대한 과학자 중 한 사람인 스웨덴의 동식물 연구가 칼 린네Carl von Linne가 개발했다. 린네가 라틴어로 분류 체계를 완성한 뒤로 지금까지 생물학적 명칭은 라틴어를 그대로 사용해왔다.

이 분류 체계는 생물의 계를 구분하는 것으로 시작된다. 계는 너무나 큰 부분이므로 그다지 어렵지 않게 분류할 수 있으리라 생각할 수도 있다. 그러나 린네의 분류는 지금, 이 순간에도 계속해서 수정을 반복하고 있다. 초기인 1735년에는 생물계가 동물과 식물 딱 2가지 계로만 분류되었다. 이후 계의 분류는 늘어났다가 축소되길 거듭했고, 현재는 7가지 계로 나뉜다.

우선 크기가 아주 작은 생물을 세균계와 고세균계로까지 나누는데, 특히 독특한 특징이 있는 원시적 형태의 세균은 고세균계에 속한다. 아메바와 같은 단세포생물이 속한 원생동물계에는 세균보다 크고 더 복잡한 생물이 포함된다. 이 균계는 여러분이 생각한 것보다 훨씬 더 큰 생물이 여기에 포함된다는 점을 제외하면 다른 계와 쉽게 구분된다. 또한 식물은 현재 2가지 계로 나뉜다. 하나는 조류와 해조류가 속한 유색조식물계이고, 다른 하나는 나무, 풀 같은 식물이 속한 식물계다. 마지막 7번째 계가 바로 우리가 속한 동물계다.

생물은 계로 나뉜 다음 다시 문, 강, 목, 과로 세분되고 이어 속, 종까지 분류된다. 예를 들어 인간은 동물계 중에서도 척추와 척수를 가진 동물로 구성된 척삭동물문, 포유강에 속한다. 이어 명칭에 명확한 의미가 담겨 있는 영장목으로 분류된다.

그 아래 단계인 사람과에 우리와 함께 등재된(?) 생물은 오랑우탄, 고릴라, 침팬지, 난쟁이 침팬지가 있다. 마지막으로 속과 종은 각각 사람속Homo, 사람sapiens이다. 영어권에서는 전통적으로 이 마지막 2가지의 분류 체계를 쓸 때는 이탤릭체를 사용하고, 속명인 호모는 첫 글자를 대문자나 축약어로 쓴다.

같은 속으로 분류된 생물끼리는 종이 달라도 서로 밀접한 관련이 있다. 예를 들어, 사자의 속과 종을 일컫는 학명은 판테라 레오Panthera leo이고, 호랑이의 학명은 판테라 티그리스Panthera tigris다(판테라는 표범속이다). 이렇게 두 분류(속과 종)의 명칭을 표기하면 특정 생물을 과학적으로 정확하게 지칭함으로써 더 많은 정보를 제공할 수 있다. 가령 '판테라 온카Panthera onca'라는 학명을 마주했을 때, 이것이 어떤 생물을 가리키는지 알지 못하더라도, 커다란 고양이처럼 생긴 동물일 것으로 추정할 수 있다(이 학명의 주인공은 재규어다). 마찬가지로 '펠리스 카투스Felis catus'라는 학명이 고양이라는 것을 알게 되면, 고양이는 (생각과 달리) 사자와 밀접하게 가까운 동물이 아니라는 것을 알 수 있다. 그런데 실질적으로 이런 분류가 무슨 의미가 있을까?

우리가 속한 사람속은 딱 한 가지 종으로만 구성되는데, 그게 바로 인간이다. 사실 과거에는 사람속으로 분류된 종이 훨씬 많았다. 확실하게 포함된 것만 6종이나 되고, 그 밖에 최대 9종이 추가될 수 있었지만, 지금은 전부 멸종했다. 그렇다면 대체 생물의 '종'이란 무엇이고, 어떤 기준으로 구분해야 할까? 이것은 생각보다 훨씬 까다로운 일이다.

린네가 처음 분류 체계를 떠올린 것은, 야외에서 식물을 연구할 때 접하게 되는 여러 종류의 식물을 손쉽게 구분하기 위해서였다. 이때 만들어진 분류 체계의 기본 개념은 '같은 종이라면 고정된 특징이 나타나는 자손을 낳는다'는 것이었다. 다시 말해, 어떤 생물의 자손이 부모와 동일한 특징을 보인다면, 자손과 부모는 같은 종으로 분류된다. 그러나 이렇게 단순한 정의를 두고도 과학자들은 린네의 견해에 반대표를 냈고, 종을 어떻게 구분할 것인가를 두고 과학자끼리 갑론을박을 이어갔다. 린네가 제시한 종의 구분에 함축된 주요 개념은, 생물 종은 고정되고 변하지 않는다는 것이다.

그러다 찰스 다윈Charles Darwin이 등장했다. 다윈은 진화에 관한 생각을 밝혔는데, 그 역시 종의 특징을 어떻게 받아들여야 할지 혼란스러워했다. 다윈이 남긴 중대한 책《종의 기원》(1859년)에는 이 문제를 해결하기 위한 고군분투가 담겨 있다. 이 책에서 다윈은 "종과 종류를 구분하는 방식이 너무나 애매하고 임의적이라 굉장히 놀랍다."라고 말한다.

이후 종의 기준은 같은 종에 속하며 고유한 성별을 가진 두 개체 사이에서 번식이 이루어져 자손을 만들 수 있어야 하며, 이렇게 탄생한 자손도 번식을 통해 계속해서 종이 이어져야 한다는 사실이 반영되었다. 하지만 다윈 자신도 이 기준에는 문제가 있다고 보았다. 다윈의 이론에 따르면 생물 종은 방대한 시간에 걸쳐 진화하고, 그 결과 새로운 종이 생겨난다. 그리고 생물의 진화 과정이 진행 중일 때는 갈라져 나온 종(원래 속했던 종)과 진화를 겪는 종이 굉장히 흡사한 것으로 추정된다. 결국, 그렇다면 어느 지점에서 별개의 종으로 나뉘는가의 문제가 남게 된다.

1942년에 20세기의 대표적인 진화생물학자로 꼽히는 에른스트 마이어Ernst Mayr의 연구결과가 나오면서 문제는 한층 더 복잡해졌다. 마이어는 생물학적인 종의 개념을 제시하면서 번식 능력뿐만 아니라 지리적인 고립에도 주목했고, 그때부터 생물학적 종의 개념에 관한 수십 가지의 견해가 물밀 듯 등장했기 때문이다. 그렇게 수많은 생물학적 의견이 제각기 과학적 지지를 얻게 되면서, 생물 종의 분류는 린네가 처음 분류 체계를 떠올렸을 때보다 더더욱 불확실한 문제가 되었다.

재갈매기 고리종

　그리고 여기에 생물학이 정의를 거부한다고 느껴지는 예가 하나 있다. 바닷새 중에서도 갈매기속Larus에 해당하는 갈매기는 전 세계에 20종 이상이 분포한다. 1925년 미국의 조류학자 조너선 드와이트Jonathan Dwight는 북극권 주변의 갈매기속 새들에게 일어난 기이한 현상을 발견했다. 라틴어로 된 학명이 과하게 나와서 울렁거림을 유발하지 않도록, 드와이트가 연구한 새들은 일반명으로 이야기할 것이다. 한 가지 유념할 사실은 같은 갈매기속 새라도 모습이 서로 다르다는 것이다.

　내가 사는 영국에서 볼 수 있는 가장 친숙한 갈매기속 새는 재갈매기다. 그런데 이 재갈매기가 북미대륙의 옅은재갈매기와 만나서 생식 기능이 없는 잡종 새끼를 낳는다는 사실이 알려졌다! 알고 보니 옅은재갈매기는 시베리아 작은재갈매기와 만나 새끼를 낳고, 시베리아 작은재갈매기는 줄무늬노랑발갈매기와 만나 새끼를 낳고, 이 갈매기는 또 시베리아 줄무늬노랑발갈매기와 만나서 새끼를 낳는 것으로 밝혀졌다.

이 마지막 갈매기는 북반구의 여러 북유럽 국가에 서식하는데, 그 범위가 처음 소개한 영국의 재갈매기 서식 지역 동쪽 경계와 맞닿아 있다. 그러나 시베리아 줄무늬노랑발갈매기는 재갈매기와 새끼를 낳을 수 없으므로 연결고리는 여기서 끊어진다. 즉 노르웨이와 북해 근방에서 종간 상호 교배의 사실이 끊어지게 된다.

이처럼 특이한 관계가 형성된 종을 고리종이라고 하며, 고리종은 주변에서 꽤 자주 발견된다. 어떤 생물학적 종의 개념에서는 A라는 생물이 생김새가 다른 생물 B와 만나 새끼를 낳을 수 있다면, 같은 종으로 여겨진다. 이때 만약 생물 B가 생물 C와도 번식이 가능하다면 이 3종의 생물은 모두 같은 종으로 여겨질 수 있는데, 그러려면 생물 C가 생물 A와 번식할 수 없어야 한다. 그러나 이는 곧 이 두 생물(생물 C와 생물 A)이 서로 다른 종이라는 의미가 되므로 종의 문제가 너무나 복잡해지고, 종의 정의는 무너지게 된다. 게다가 최근 유전학 연구에서 밝혀진 바에 따르면 재갈매기의 고리종에 2종이 더 추가되어 상호 교배하는 갈매기속의 관계가 더욱 복잡하게 얽힐 수 있고, 애초에 전부 고리종이 아니었을 가능성도 제기되고 있다.

생물학이 발전할수록 종의 의미는 더욱 미묘해진다. 각 생물 종이 서로 구분되는 존재라는 생각은 그저 생물을 깔끔하게 분류하고 싶은 인간의 욕구에서 비롯되었다는 사실도 점차 명확해지고 있다. 린네는 식물학자들에게 도움이 될 만한 체계를 개발했고, 우리는 린네의 사고 패턴에 지금까지 쭉 붙들려 있었다. 그 결과 고리종과 같은 역설적인 상황이 벌어졌다.

누군가는 인간은 사람속을 구성하는 '유일한 종'이니 이런 문제는 전부 거대한 세상에서 살아가는 다른 생물에나 적용되는 이야기라고 생각할 수도 있다. 물론, 사람속의 유일한 종은 사람sapiens이다. 하지만 항상 그래왔던 것은 아니다.

사람속의 유일한 종
사피엔스

인류의 진화 과정을 나타낸 대표적인 그림이 있다. 그 그림은 대체로 실루엣만 희미하게 보이는 선이 길게 그어져 있고, 왼쪽 끝에 몸을 웅크린, 아무 이름 없는 아주 자그마한 체구의 침팬지처럼 생긴 인류의 조상이 그려져 있다. 그리고 오른쪽으로 갈수록 조금씩 허리를 펴고 점차 직립 자세로 바뀌는 단계적 형상을 보여준다.

그림에 친절한 설명이 달리는 경우 맨 처음에 나온 유인원 옆에 '오스트랄로피테쿠스Australopithecus'라는 명칭이 적힌다. 그다음 단계부터 사람속의 다른 구성원들이 등장한다. 순서대로 호모 하빌리스Homo habilis, 호모 에렉투스Homo erectus, 호모 네안데르탈렌시스Homo neanderthalensis를 거쳐 마지막에 호모 사피엔스가 있다. 마지막 두 종은 대부분 창 또는 활과 화살을 쥐고 있어서 도구를 사용했다는 것을 짐작할 수 있다.

이 그림은 1965년에 미국 출판사 타임-라이프Time-Life가 펴낸 《라이프 네이처 라이브러리Life Nature Library》 시리즈에 처음 나와 널리 알려졌다. 이 책에 실린 그림에는 '진보의 행진'이라는 제목이 붙어 있었다. 오늘날에는 가장 오른쪽에 책상 앞에 등을 웅크리고 앉아 있거나, 남산만 한 배에 한 손에는 맥주잔을 들고 있는 현대인의 모습을 그린 풍자화도 찾아볼 수 있다. 하지만 실제로 이 그림(진보의 행진)에는 잘못된 부분이 많고, 단지 저급한 유머라며 대충 웃어넘길 일이 아니라는 것을 명심해야 한다.

우선 그림에 표현된 대상이 사람이라는 점이 중요하다. 이런 그림은 보통 인류가 문명화되어 가는 과정을 보여주고, 손에 뭔가를 들고 있는 경우 십중팔구 무기다. 그리고 윗부분에는 미국의 진화생물학자 스티븐 제이 굴드Stephen Jay Gould가 '함축적인 시간의 화살'이라고 말한 화살표가 있다.

사람속에 포함된 여러 종을 이렇게 한 줄로 배치할 때 어떤 일이 벌어지냐면, 사람이 한 종에서 다른 종으로 바뀐 것처럼 보일 뿐만 아니라 오른쪽으로 갈수록 그 이전 단계의 종보다 더 발전했다고 확신하게 된다. 그러나 진화는 복잡성이 증가하는 과정이 아니며, 진화가 우월성을 판단할 수 있는 유일한 기준인 것도 아니다.

진화는 모르는 상태에서 일어난다. 계획할 수도 없고, 선택할 수도 없다. 특정한 시간과 장소에 꼭 맞는 목적을 이루기 위해 무작위로 진행되는 것이 진화이기 때문이다. '진보의 행진' 그림에 등장하는 종은 모두 특정 시점과 환경에 완벽히 적응한 생물이다. 그러다 기후나 서식지가 바뀌거나, 다른 생물 종의 압력이 주어지는 등 환경의 변화에 알맞게 진화하지 못하고 멸종했다. 그러나 이런 과정을 거치면서 사람속의 다른 종이 더욱 발전하거나 더 많이 진화한 것은 결코 아니다.

가장 기초적인 생물학 개념도 제대로 담겨 있지 않다는 근본적인 오류만으로도 짜증을 불러일으킨다. 게다가 현재 우리는 '진보의 행진'에 적힌 상세 내용도 틀렸다는 것을 알고 있다. 사람속을 구성하는 생물의 가계도는 1965년에 알려진 것보다 훨씬 더 복잡하고 미묘하다. 현재까지 알려진 가장 오래된 사람 종은 키가 1.3m로, 작은 호모 하빌리스로 추정된다. 약 200만 년 전부터 150만 년 전까지 살았던 호모 하빌리스는 호모 에렉투스로 진화했고, 호모 에렉투스는 이후 등장한 다른 모든 사람속 구성원의 조상이 되었다. 적어도 약 20년 전까지는 이렇게 간단하게 정의될 수 있었다.

그러나 수많은 화석이 새롭게 발견되면서 '진보의 행진'에 담긴 정보가 오히려 더욱 뿌옇게 흐려졌다. 호모 하빌리스와 호모 에렉투스가 같은 시대를 살았으며 어쩌면 같은 지역에 거주했을 수도 있다는 사실이 드러났기 때문이다. 1991년부터 2005년까지 흑해와 카스피해 사이, 조지아의 드마니시라는 지역에 있는 한 동굴에서는 깜짝 놀랄 만한 화석이 줄줄이 발견되었다. 이곳에서 발견된 5종의 두개골에는 제각기 다른 종의 특징이 나타났다. 여기에는 호모 하빌리스, 호모 에렉투스를 비롯해 호모 에르가스터Homo ergaster, 호모 루돌펜시스Homo rudolfensis처럼 비교적 낯선 사람종도 포함되었다. 이 두개골들은 전부 같은 장소에서 발견된 것이므로 5종을 동시대에 살았던 종으로 추정할 수 있고, 그 후 5종 모두 같은 종일 가능성이 제기되었다. 다시 말해 현재까지 겨우 화석 1~2개가 발견된 초기 호모 사피엔스가 모두 같은 종일 수도 있다는 것이다.

한편 화석이 발견된 드마니시가 아프리카에서 멀리 떨어져 있다는 점도 주목할 만하다. 인류가 아프리카 지구대에서만 진화했고, 그곳에서 다른 지역으로 퍼져 나갔다고 알려진 기존 상식이 신빙성을 잃어가고 있다는 소리기 때문이다. 인류 최초의 조상이 대부분 아프리카인인 것은 분명해 보인다. 하지만 초기 종은 훨씬 광범위한 지역에 분포되어 있었고 뒤엉킨 종간의 관계도 복잡했다고 추정할 수 있다.

호모 에렉투스와 (초기 사람종일 가능성이 있는) 다른 모든 인류가 살았던 시대를 지나, 지금으로부터 약 80만~40만 년 사이에 이전의 인류와 뚜렷하게 구분되는 초기 인류가 등장했다. 이 시기를 우리는 호모 하이델베르겐시스Homo heidelbergensis 의 시대라 부른다. 독일 하이델베르크와 가까운 외각 노천 모래광산에서 일하던 다니엘 하르트만Daniel Hartmann이라는 광부가 1907년, 이 종의 턱뼈 화석을 발견했다. 하르트만은 자신이 발견한 턱뼈를 그 지역 인류학 교수였던 오토 쇠텐자크Otto Schoetensack에게 알렸고, 쇠텐자크가 지역의 이름을 따 호모 하이델베르겐시스라는 종명을 붙였다.

이후 호모 하이델베르겐시스의 표본은 남아프리카 동부 해안을 따라 위쪽으로 이어진 여러 지역에서 발견되었을 뿐 아니라, 유럽의 이탈리아, 그리스, 스페인, 독일, 프랑스 심지어 바다 건너 영국에서도 발견되었다. 호모 하이델베르겐시스가 유독 흥미로운 이유는 오늘날 이론에 따르면 여기서부터 사람속의 다른 3개 종이 진화한 것이기 때문이다. 그중 하나가 바로 우리, 호모 사피엔스다.

그렇지만 이와 같은 진화적 연결고리를 확신하기에는 화석 기록에 커다란 구멍이 존재한다. 이 3개 종 가운데 하나는 데니소바인Denisovan이고(나중에 다시 설명하겠다), 또 하나는 우리에게 친숙한 종이며 거칠고 야만적인 사람을 비유하는 표현으로도 사용되는 '네안데르탈인'이다.

네안데르탈인의 학명은 1856년 독일 네안데르탈 계곡의 한 석회장에서 두개골 부분 화석이 발견되면서 붙여졌다. 이 화석이 나온 지명을 따서 호모 네안데르탈렌시스라는 종명이 정해졌지만, 사실 이것이 최초로 발견된 네안데르탈인의 표본은 아니었다. 최초 화석의 영광은 1829년, 벨기에에서 발견된 어린 아이의 부서진 두개골에 돌아갔다. 1848년에도 지브롤터 암벽에서 네안데르탈인의 미세한 부분 두개골이 발견됐다.

혹시 네안데르탈인Neanderthal man과 화석 발견지인 네안데르탈Neandertal 계곡에 미세한 차이가 있다는 것을 눈치챘는가? 네안데르탈의 영문 철자가 'thal'에서 'tal'로 바뀌는 시점은 1901년 언어학자 콘라드 두덴Konrad Duden이 쓴 독일어 사전이 공식적인 철자법으로 채택되면서다. 이 사전에 따라 계곡을 뜻하는 단어는 'thal'이라는 철자에 h를 뺀 'tal'로 표준화되었다. 하지만 네안데르탈인의 영문 철자는 마치 화석처럼, 처음 붙여진 그대로 남아 있다.

네안데르탈인은 유럽 남부와 중앙 지역에 널리 분포했고, 그 범위가 오른쪽으로 카자흐스탄, 몽골 경계에 이르는 지역까지 아주 멀리 뻗어 있다. 이 지역에 얇은 부싯돌 파편이 많이 발견된 것으로 보아 네안데르탈인이 도구를 사용한 것이 분명하다(나무로 된 창도 하나 발견되었다). 네안데르탈인의 예술성은 2018년이 되어서 확실히 밝혀졌는데, 그전까지는 몇 안 되는 물건과 어딘가를 긁어낸 흔적으로 단순히 조금 복잡한 사회적 문화가 존재했을 것으로만 추정했다.

그러나 이후 스페인 곳곳에 흩어진 3곳의 동굴에서 6만 4,000년 전에 그려진 동굴 벽화가 여러 점 발견되었다. 그곳에는 붉은 선들과 점, 사다리 무늬와 함께 손자국 그림도 있었다. 현존하는 가장 오래된 벽화인 이 동굴 벽화가 발견되면서 호모 사피엔스가 등장하기 훨씬 전부터 화가와 같은, 그림 그리는 사람이 존재했다는 사실이 알려졌고, 유일한 용의자는 네안데르탈인이었다. 이러한 사실은 네안데르탈인이 저속한 영화에서처럼 우락부락하고(무식해 보이는) 동굴에 사는 원시인이 아니라, 최소한 호모 사피엔스와 맞먹을 정도의 정교한 문화를 향유하는 존재였다는 것을 방증한다.

현대의 호모 사피엔스는 약 5만 년 전에야 유럽에 도착한 것으로 보이지만, 종 자체가 나타난 시기는 그보다 훨씬 더 이르다(최근에야 밝혀진 사실이다). 2017년 모로코의 대서양 해안 지역인 제벨 이르후드Jebel Irhoud에서 31만 5,000년 전에 살았던 현 인류가 발견되었다. 이러한 발견은 호모 사피엔스가 많은 이의 예상보다 훨씬 전부터 존재해왔으며, 아프리카 대륙에도 살았다는 사실을 알려준다.

인류의 진화를 보여주는 몇몇 유전학적인 근거와 인류 역사의 상관관계는 더욱 복잡해졌다. 사람종이 실제로 진화한 역사는 '진보의 행진'에서 다소 편리하게 묘사한, 직선적인 과정과 큰 차이가 있다. 서로 연관된 살아 있는 생물 종을 두고 언제부터가 시작이고 어디가 종결 지점인지 확정하기는 힘들다. 또한 인류의 가계도를 조사할 때, 믿을 만한 구석이라고는 화석밖에 없다는 점도 인류의 실제 진화 과정을 밝히는 일을 엄청나게 힘들게 만든다.

초기 호모 하빌리스는 호모 에렉투스와 별개의 종이었을 수도 있고, 아니면 호모 에렉투스의 일종이거나 같은 종일 수도 있다. 또 호모 사피엔스는 아주 오래전부터 살았던 것으로 보이며, 사람속의 여러 종은 순차적으로 등장한 게 아니라 동시에 존재했던 것으로 추정된다. 이러한 사실은 흥미로우면서도 아주 난해한 의문을 낳는다. 인류가 네안데르탈인과 만났을 때, 대체 무슨 일이 벌어졌을까?

1965년에 나온 '진보의 행진'은 글보다 이미지에 얼마나 많은 무게가 실릴 수 있는지 잘 보여주는 강력한 사례다. 이 그림이 실린 책의 내용을 자세히 읽어보면, 저자는 호모 사피엔스가 일직선 경로를 따라 진화하지 않았다는 사실을 잘 알고 있다. 하지만 단순한 이미지 하나가 그림과 함께 제시된 설명을 모두 뛰어 넘어버렸다.

인간과 네안데르탈인의
만남

1977년, 영국 케임브리지 대학교의 프레더릭 생어Frederick Sanger와 여러 과학자로 구성된 연구진은 '람다-X 174lambda-X 174'라는 바이러스의 유전체, 즉 유전자 염기서열 전체를 밝혀 냈다. 이는 모든 생물을 통틀어 사상 최초로 유전체가 전부 밝혀진 과학계의 획기적인 사건이었다. 제임스 왓슨James Watson과 프란시스 크릭Francis Crick, 프랭클린이 1953년에 발표한 연구결과는 살아 있는 모든 생물과 수많은 바이러스의 유전 물질이 디옥시리보핵산deoxyribonucleic acid, 즉 DNA라는 사실을 밝혔다.

긴 DNA 사슬을 이룬 4종류의 단위 글자(아데닌A, 티민T, 구아닌G, 시토신C)는 DNA의 암호를 구성하고, 이 암호에는 한 생명을 만드는 방법이 담겨 있다. 최초의 람다-X 174 염기서열 분석을 마친 생어는 다음 분석 대상을 신중하게 선정했다. 람다-X 174 바이러스는 4종류 단위의 DNA 암호가 겨우 5,386개에 불과할 만큼 유전체가 아주 작았다. 이후 세계 곳곳의 연구소에서 바이러스와 세균, 효모, 작은 회충의 염기서열을 분석하기 시작했는데, 이 모든 노력의 종착지는 사람의 유전체 분석이었다.

그리고 마침내 1984년, 전 세계의 과학자들이 팀을 이루어 이 엄청난 과제를 해결하기 위한 계획을 수립했다. 사람의 유전체는 DNA를 이룬 글자 수가 30억 개 이상인 만큼 그야말로 어마어마한 작업이었다. 1990년에 시작되어 약 30억 달러(한화 약 3조 3,000억 원 – 옮긴이)가 들어간 '사람 유전체 연구 프로젝트(일명 게놈Genome 프로젝트)'는 2003년 4월 14일 최종 완료되었다. 그리고 현재까지도 역사상 최대 규모의 생물 연구사업으로 기록된다. 지금 이 글을 쓰는 시점에는 1,000달러 정도면 구할 수 있는 소형 장비로도 1시간 만에 개개인의 유전체 염기서열 전부를 알아낼 수 있다.

기술적 발전도 경탄스럽지만, 이러한 발전을 통해 우리가 할 수 있게 된 일들은 더 놀랍다. 전 세계인의 유전체를 비교 분석하고 문화권별로 어떤 차이가 있는지 알게 되면, 사람종의 진화 과정을 유전학적 지도로 나타낼 수 있다. 유전체에 무작위 변위가 생기는 비율을 파악하거나 추정하여 그 정보와 각각의 유전체가 얼마나 다른지를 비교하면 두 생물이 어느 시점부터 진화상 서로 다른 방향으로 갈라졌는지 알 수 있다.

그리고 이렇게 수집된 데이터와 화석 기록을 토대로 사람속에 있는 종이 어떻게 진화해왔는지도 알아낼 수 있다. 그렇다면 같은 방식으로 더 옛날에 살았던, 현재 멸종된 사람종도 연구할 수 있을까?

고대 유전학 연구는 현재와 가장 근접한 약 4만 년 전에 멸종이 진행된 사람종, 네안데르탈인을 분석하는 것으로 시작되었다. 세포 내 소기관인 미토콘드리아에서 발견되는 아주 작은 DNA를 분석하게 되면서 더 수월한 연구가 가능해졌을지라도 여전히 엄청난 작업이었다. 네안데르탈인의 DNA 염기서열을 분석하고 현대인의 미토콘드리아 DNA와 비교한 결과, 두 종이 분리된 시점은 약 50만 년 전으로 확인되었다.

2006년에는 독일 라이프치히에서 '국제 네안데르탈인 유전체 연구 프로젝트'가 시작되었다. 이 프로젝트에서는 크로아티아의 한 동굴에서 발견된, 3만 8,000년 전의 것으로 추정되는 여성 네안데르탈인 3명의 긴 다리뼈에서 DNA를 추출했다. 4년간의 연구 끝에 2010년 발표된 최종 보고서에는 깜짝 놀랄 만한 내용이 담겨 있었다. 미토콘드리아 DNA를 비교했던 이전 연구에서는 네안데르탈인과 인간의 유전 물질이 섞였던 흔적이 전혀 나타나지 않았다. 그러나 유전체 전부를 분석해서 훨씬 크고 복잡한 그림을 비교해보니 인간과 네안데르탈인의

유전 물질이 혼합된 것으로 보이는 부분이 나타난 것이다. 더욱이 유전학적 연구에서 밝혀내야 할 세세한 의문점도 하나둘 드러났다. 두 종의 유전 물질이 혼합된 시점은 약 5만 년 전이며 혼합은 지중해 극동지역(현재 시리아, 이스라엘, 레바논, 요르단 주변) 주변에서 일어난 일로 추정되었다. 더 직설적으로 말하자면, 사람종에 속한 누군가가 인근에 살던 네안데르탈인과 성관계를 맺고 자손을 낳았으며 이런 일이 꽤 빈번했던 것으로 보인다. 아프리카인이 아닌 경우 DNA의 1~4%가 네안데르탈인 DNA에 뿌리를 두었다는 사실이 이를 뒷받침한다.

서로 다른 종이 만난 사례는 또 있다. 데니소바인을 기억할지 모르겠다(뒤에서 자세히 이야기하겠다고 했던). 사람과 네안데르탈인은 데니소바인과도 자손을 낳은 것으로 보인다. 데니소바인의 흔적이 남은 화석은 2008년 러시아 시베리아 남서부 동굴에서 발견된 몇 조각이 전부다. 현재까지 고고학자들이 발굴한 유해는 데니소바인의 치아 3점, 자그마한 손가락뼈 1점 그리고 25mm 길이의 팔 또는 다리뼈 조각밖에 없다. 데니소바인에 아직 정식 학명이 없는 이유도 자료가 부족하기 때문이다.

남은 흔적이 이토록 희귀하지만, 유전자 분석을 위해 동굴에서 찾은 손가락뼈가 사용될 수밖에 없었다. 그리고 유전체를 추출하여 분석한 결과 뼈의 주인은 네안데르탈인도, 현대 인간도 아니라는 사실이 드러났다. 데니소바인의 외모가 어떠했는지, 키는 얼마나 됐는지, 다른 생김새는 어땠는지는 알 수 없어도 이들과 네안데르탈인, 인간 사이에 여러 차례 종간 번식이 이루어진 것은 분명하다.

데니소바인의 유전체를 세계 곳곳의 사람들과 비교하자 파푸아뉴기니의 여러 섬에서부터 피지에 이르는 멜라네시아 지역 주민들의 DNA와 최대 6% 동일했다. 이 결과를 토대로 수수께끼로 남은 초기 사람종의 분포 지역을 파악할 수 있게 되었다. 이들은 아시아 전역에 흩어져 살았고, 그 범위는 폴리네시아까지 확장되었으며 호주 원주민 유전체에도 데니소바인의 유전자가 소량 남아 있었다.

그렇게 2012년 데니Denny라 불리는 고대 인류의 유전체 염기서열 분석 결과가 나오면서 얽히고설킨 종간 번식의 가능성은 더욱 명확해졌다. 데니소바인의 화석은 치아 3점과 DNA 염기서열을 분석할 수 있던 손가락뼈 그리고 다리 또는 팔뼈 조각이 전부라고 설명했다. 그런데 이 다리인지 팔인지 모를 뼛조각을 분석한 결과, 13살쯤 된 여자아이의 뼈라는 사실이 밝혀졌다.

게다가 더 놀라운 것은 부모의 생물 종이 다르다는 사실이었다. 어느 정도의 확신이 있는 의견은 아버지는 데니소바인이고 어머니는 네안데르탈인이라는 것이다. 그뿐만이 아니다. 인류의 과거를 알게 해준 데니소바인의 귀중한 5점의 유골이 발견된 동굴에서 호모 사피엔스의 유골도 발굴되었다! 다시 말해 데니소바인, 네안데르탈인 그리고 호모 사피엔스까지 생물 3종이 모두 같은 시기에 살았으며 심지어 같은 동굴에 거주했을 가능성이 크다는 이야기다.

이와 같은 교차 번식에는 몇 가지 긍정적 의미와 부정적 의미가 담겨 있다. 실제로 티베트인 중에는 데니소바인의 특징인, 고도가 높은 환경에 적응하는 것과 관련이 있는 EPAS1 유전자 보유자가 많다. 어쩌면 당연한 결과다. 데니소바인이 보유한 EPAS1 유전자는 고지대에서 살아가는 사람들에게 분명히 도움이 되었고, 따라서 이들의 유전체에 널리 보존되었다. 반면 다른 민족에서는 '유전적 부동(대립유전자의 빈도가 기회적 요인에 의해 무작위적으로 변하는 것 – 옮긴이)'으로 알려진 현상에 따라 EPAS1 유전자가 사라지게 된다. 저지대에 사는 사람들이 고지대 사람들과 같은 유전자가 아닌 변종 유전자를 갖게 된 것에는 이점도 불리한 점도 없다. 즉 저지대에 사는 사람들에게서 이 EPAS1 유전자는 진화에 따라 선택적으로 사라진 것이 아니라, 무작위 확률로 사라졌다.

수많은 질병이 종간 번식과 연관되는 것으로 추정된다. 크론병, 몇 가지 형태의 루푸스(낭창), 심지어 제2형 당뇨도 포함된다. 이러한 질병의 공통점은 모두 자가면역질환이며 인체의 백혈구항원HLA으로 알려진 중요한 유전자 그룹이 병의 원인이라는 점이다. 백혈구항원은 우리 몸속에 속한 세포를 식별하도록 돕는 기능을 하고, 덕분에 인체는 침입한 병원균과 몸의 세포를 구별할 수 있다. 우리가 보유한 HLA 유전자 중 무려 절반이 데니소바인이나 네안데르탈인으로부터 유래했다고 볼 수 있다. 그리고 HLA 유전자로 만들어진 산물을 인체가 제대로 인식하지 못하면 자가면역질환이 발생한다. 전신염증질환인 베

체트병의 경우 네안데르탈인이 보유했던 HLA 유전자가 원인이다.

그렇지만 종간 번식으로 우리가 물려받은 유전자가 전부 안 좋은 영향을 주는 건 아니다. 오히려 정반대다. 종간 번식을 선호했던 것이 최근 이루어진 사람종의 가장 중요한 몇 가지 진화로 이어지기 때문이다.

1980년에 한 수도승이 데니소바인의 흔적이 처음 발견된 데니소바에서 멀리 떨어진 티베트의 바이쉬야 카르스트 동굴Baishiya Karst Cave에서 데니소바인의 것으로 추정되는 6번째 화석을 발견했다. DNA 분석에서는 아무것도 밝혀지지 않았다. 하지만 2019년 독일 연구진이 이 화석을 재분석한 결과, 데니소바인의 콜라겐 단백질 유전자와 일치하는 콜라겐 단백질이 발견됐다.

계속 진화하는 인간

현대인은 이제 더 이상 자연선택의 과정을 거쳐 진화하지 않는 다는 주장도 있다. 이 주장에 따르면, 인간은 호모 사피엔스를 탄생시킨 토대이자 모든 생물학적 복잡성과 다양성의 원천이 되는 과정에서 벗어났다. 즉 생물학적으로 고정된 진화로부터 풀려났다는 것이다. 언뜻 보기에는 사실일 수 있다. 이제 우리 는 주변 환경을 인간의 생물학적 특성에 맞게 변화시킬 수 있 고, 특정 환경에 알맞게 적응하도록 인간을 진화시킨 자연선택 의 압력을 완화시킬 수도 있기 때문이다.

그러나 오늘날 밝혀진 사실은 인간의 진화속도는 결코 고정 되어 있지 않다는 것이다. 1895년 다윈이 정리한 진화 과정은 마치 한 단계로 이루어지는 것처럼 여겨질 때가 많다. 하지만 실제로는 그렇지 않다. 진화에는 2가지 부분이 있고 다윈이 남 긴 중요한 책《종의 기원》의 원제는 이 2가지를 모두 표현하는 '자연선택을 통한 종의 기원'이었다.

진화의 첫 번째 단계는 책 제목과 같은 '종의 기원'이다. 간단히 진화와 동의어라 할 수 있는 이 단계는, 하나의 생물 종에서 다른 종이 생겨나는 과정이다. 그리고 진화가 일어나기 위한 전제조건은 개체군 내에 다양한 변화가 존재해야 한다는 것이다. 다윈의 성과가 알려지기 이전부터 과학자들은 각 생물 종이 고정되어 존재하지 않으며, 점차 다른 형태의 종으로 변화할 수 있다는 가설을 세웠다.

이러한 변화가 일어나려면 같은 세대에 속한 개체 간에 차이점이 충분해야 한다. 우리가 부모님과 완전히 똑같이 생기지 않았고, 부모님 두 분의 특징이 정확한 비율로 혼합되어 나타나는 것도 아니라는 점을 떠올리면 쉬울 것이다. 실제로 각 개인에게는 부모 중 누구에게서도 볼 수 없는 특징이 있다. 외모로만 살펴봐도 인간 개체군 내에 얼마나 많은 다양성이 존재하는지 알 수 있다. 더구나 유전학적으로 파고들어 보면 그 다양성은 훨씬 더 많아진다.

다윈이 밝힌 진화의 2번째 부분은 바로 자연선택이다. 자연선택은 진화가 일어나는 과정이다. 자연선택의 중심에는 자신이 가진 다양한 특성 중 자신에게 선택적 이점이 된 부분을 물려줄 수 있어야 한다는 전제가 있다. 쉽게 말하자면 무작위 변이를 통해 다른 인류와 차별화된 아주 멋지고 유리한 돌연변이를 가지고 있다고 하더라도 자식을 낳지 않는다면 그 돌연변이를 후대에 전할 방법이 없고, 진화는 전혀 일어나지 않는다는 것이다. 게다가 자연선택이 반드시 생물에게 유리한 방향으로만 일어나는 것도 아니다.

자연선택은 앞을 볼 수 없는 존재, 혹은 앞으로의 계획이 없는 존재와 같다. 사람의 눈을 예로 들어보자. 사람의 눈은 놀라운 유기적 설계가 돋보이는 것도 맞지만, 제대로 된 엔지니어라면 절대 놓치지 않았을 중대한 결점이 하나 있다. 눈에서 빛을 감지하는 곳은 망막인데, 이 망막의 각 부분을 연결하는 시신경섬유가 세포의 뒤쪽이 아닌 안구 안쪽에서부터 시각 세포에 접근한다는 것이다. 텔레비전과 연결된 모든 전선을 화면 뒤쪽으로 연결해서 보이지 않게 하는 것이 아니라 전부 화면 앞쪽으로 연결해서 화면이 가려진다고 상상해보라. 정신 나간 것처럼 보이지만, 실제로 우리 눈은 그렇게 되어 있다. 그리고 이렇게 만들어진 이유는 생물학의 별난 특징이라고밖에 설명할 수 없다. 계획 없이 일어난 우연한 진화, 앞이 보이지 않는 자연선택이 낳은 결과다.

인간은 여전히 자연선택으로 진화가 이루어지는 존재다. 개인마다 제각기 다른 특징이 있고, 환경은 우리에게 여전히 외압을 가한다. 원시 인류에게 가해진 압력에 비하면 약할지 몰라도 압력은 존재한다. 보통은 현대 문명과 정보기술, 문화에서 비롯된 새로운 심리학적 과제가 현생 인류의 압력으로 작용한다. 먹을 게 떨어지고 생존이 가장 중요했던 자연의 냉혹한 현실은 영 실감할 수 없지만….

종합해보자면 개체 간의 차이점과 자연선택의 압력은 변화의 동력이 된다. 그렇다고 호모 사피엔스가 조만간 새로운 생물 종으로 갑자기 진화할 거라는 뜻은 아니다(앞에서 설명한 종을 정의하는 일이 얼마나 까다로운지를 떠올려보길 바란다). 유전학을 통해 현재 우리가 30만 년 전 인간과는 차이가 있고, 피부색은 애초부터 다양했다는 사실을 알게 되었지만 그런 차이는 서로를 아예 다른 종으로 분류할 만큼 충분하지 않다. 또 인간의 진화는 아주 느리게 진행된다. 최소한 한 사람의 일생만큼 시간이 소요된다. 새로운 종의 진화, 특히 종 간 체구 변화를 조사한 연구결과를 보면 변화가 제대로 고정되고 종끼리 뚜렷하게 구분되기까지 최소 100만 년이 걸리는 것으로 추정된다. 인류가 존재한 시간은 이제 겨우 1/3 정도다.

현대 인류의 진화를 확인할 수 있는 몇 가지 사소하지만 명확한 예시가 있다. 그중 하나가 젖이다. 어린 포유동물에게 최상의 먹이인 젖에는 성장기의 인체에게 필요한 모든 성분과 필수 단백질, 지방을 만드는 기초단위가 들어 있다. 칼슘, 비타민B와 같은 필수 무기질과 비타민도 포함되어 있다. 게다가 젖은 당의 형태로 에너지를 공급한다. 다 자라서 성체가 된 포유동물(전 세계 성인 인구의 약 2/3를 포함하여)은 대부분 젖을 소화하지 못한다. 먹으면 복통이나 구토, 설사, 속이 부글대는 증상이 발생한다. 모든 포유동물의 젖에 함유된 젖당이라는 성분이 문제를 일으키기 때문이다.

젖당은 이당류에 해당한다. 이당류는 단당류에 속하는 크기가 더 작은 당 2개가 붙어 있는 형태라는 의미다. 젖당의 경우 포도당과 갈락토스가 결합하여 생성되고 설탕(자당)은 포도당과 과당이 결합하여 생성된다. 젖당을 소화하려면 이렇게 결합된 단위를 다시 포도당과 갈락토스로 반으로 쪼갤 수 있어야 한다. 다행히도 어린 포유동물은 젖당분해효소라는 효소를 만들 수 있는 유전자를 가지고 있다. 세상에 처음 태어나면서부터 이 유전자가 활성화되므로 젖을 구성하는 당류를 문제없이 소화할 수 있다.

하지만 인간의 경우 젖을 떼고 더 이상 젖을 먹지 않으면, 즉 이 효소가 필요가 없어지면 효소 생산이 중단되도록 진화했다. 그래서 전 세계 성인 2/3가 우유를 마시면 불쾌한 증상을 경험하는 것이다. 소화가 안 된 채로 위장에 남은 젖당은 장내(정상)

세균에게 푸짐한 먹이가 되고, 그 결과 장에서 발효된다. 하지만 나머지 1/3은 이러한 유당불내증 문제를 겪지 않는다(나도 마찬가지다). 나와 같은 사람은 '젖당분해효소의 지속성'이 나타난 것이다.

젖당분해효소의 지속성이 나타나는 사람은 이 효소를 만드는 유전자가 젖을 뗀 이후에도 활성을 잃지 않는다. 그래서 장에서 젖당분해효소가 계속 만들어지므로 젖을 식량으로 활용할 수 있다. 이런 특징이 나타나는 사람들의 분포 현황을 살펴보면 아일랜드인은 거의 100% 젖당분해효소가 지속되고 북유럽의 90% 이상도 그렇다는 것을 알 수 있다. 중국의 경우 이 비율이 10%로 뚝 떨어진다. 북미 원주민 중에 젖당분해효소의 지속성이 유지된 사람의 비율은 5%도 되지 않는다. 남아프리카 반투족의 경우 지속성이 나타나는 사람이 단 1명도 없다.

젖당분해효소 유전자에 유전자 돌연변이가 나타나기 시작한 건 겨우 9,000년 전부터로 추정된다. 사냥과 채집 생활을 하던 인류가 농경 생활을 하게 된 신석기 혁명을 계기로, 가축으로부터 젖을 통해 영양소를 얻게 되었다는 이론도 있다. 젖을 소화하는 기능은 생존의 이점이 되었고, 이 유전적인 변이가 개체군 사이에 퍼지며 그에 따른 진화가 이루어졌다는 것이다.

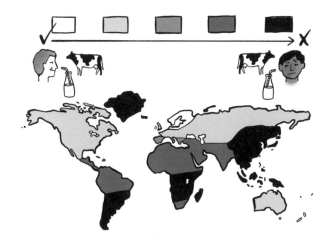

전 세계 유당불내증 분포 현황

    젖당분해효소와 젖당의 예시는 오늘날에도 자주 일어나고 있는 일이라는 점에서 매우 흥미롭다. 젖당분해효소의 지속성의 비율이 매우 낮은 남미의 성인들은 우유를 일반적인 식품으로 여기지 않는다. 반면 칠레 아타카마 사막과 비옥한 계곡 사이에 사는 사람들은 남미에 비해 젖당분해효소의 지속성이 유지된 인구 비율이 매우 높다. 이 척박하고 건조한 땅에서 좁은 면적에 작물을 재배하며 살아가는 칠레 사람들은 염소를 키운다(그것도 아주 많이).

    염소는 유럽 식민주의자들을 통해 처음 도입되었으니, 이 지역에서 염소를 키운 역사는 겨우 몇백 년 정도다. 염소를 키우는 사람들은 자연스럽게 젖당이 함유된 염소젖을 여럿 활용한다. 이 지역에 염소가 흔한 가축이 된 기간은 진화의 관점에서 보자면 눈 깜박할 정도의 시간이지만, 그럼에도 인구의 절반 이상에서 젖당분해효소의 지속성이 유지된다.

이 지역에서 젖을 소화할 수 있는 사람들을 조사한 결과에서는 그들이 젖당분해 능력이 없는 사람들보다 인체에 더 풍부한 영양을 공급하는 것으로 나타났다. 젖당분해라는 선택적인 이점이, 분해효소의 발현을 지속시키는 새로운 유전자를 다음 세대로 전하게 하는 동력이라는 가설도 제기되었다. 이렇듯 칠레에서 염소를 키우는 농민들은 지금도 진화 중이다.

젖을 소화하는 기능을 획득하는 것은 현재 진행 중인 진화를 보여주는 상당히 간단한 사례다. 관련된 유전자도 한 종류라 젖산분해효소의 지속성 여부만 검사해보면 쉽게 확인할 수 있다. 하지만 특성이 간단하다고 해서 오해하면 안 된다. 여기에는 인류 전체에 적용될 심오한 의미가 담겨 있다. 인간의 정밀한 문화가 인간을 다른 동물과 다른 존재로 만든다고 생각하는 사람들도 있을 것이다. 그러나 그 믿음이 얼마나 굳건한지와 관계없이 자연선택은 모든 요소를 뚫고 영향력을 발휘한다.

우리는 다른 동물과 마찬가지로 지금도 진화하고 있다.

널리 알려진 사실과 달리 《종의 기원》에서는 인간의 진화가 다루어지지 않았다. 이 주제는 후에 출간되어 족히 2배는 더 많이 판매된 다윈의 또 다른 저서 《인간의 유래》에서 다루어졌다. 다윈의 친구 조셉 후커Joseph Hooker는 2번째 저서를 두고 이런 견해를 밝혔다. "듣자 하니 여성들이 재미있게 읽긴 했어도 내용을 상세히 말하지는 않는다고 한다. 그래서 책의 판매가 늘어났을 것이다."

인간 세포 지도

우리는 무엇으로 만들어졌을까? 다양한 답이 나올 수 있는 꽤 근본적인 질문이다. 물리학자라면 양자와 중성자, 전자를 들 것이고 계속 말하도록 내버려 두면 쿼크, 렙톤, 보손도 등장하 리라. 화학자에게 물어보면 잠시 한 걸음 물러나 곰곰이 생각 하다가, 인체는 여러 가지 원자로 구성되며 대부분이 탄소, 수 소, 산소이고 이 모든 것이 복잡한 분자로 이루어졌다고 설명 할 것이다. 생물학자의 답은 세포다. 살아 있는 모든 생물은 최 소 1개 이상의 세포로 구성된다.

1665년에 로버트 후크Robert Hooke라는 사람이 《마이크로그 라피아Micrographia》라는 놀랍고도 멋진 책을 발표했다(17세기에 쓴 책이라고 믿기지 않을 정도로 술술 읽히고 흥미로운 내용도 많다). 당시 후크는 런던에 갓 조직된 영국왕립학회에서 실험 부문 큐 레이터를 맡고 있었다. 버킹엄 궁전 바로 길 건너에 있는 왕립 학회는 지금까지도 활동을 이어가고 있는 세계에서 가장 오래 된 과학 단체다. 후크는 왕립학회 회원들을 위해 실험을 준비하고 실행하는 일을 했고, 직접 만든 도구나 회원들의 지시로 만든 도구가 실험에 사용됐다. 왕립학회의 다른 구성원들처럼 부유하지도 않고 귀족 출신도 아니었던 후크에게 이 모든 것은 큰 기회였다.

후크는 굳건한 결단력을 바탕으로 당시 새로운 분야였던 자연철학(오늘날 과학이라 불리는) 분야의 지식을 쌓아갔다. 또한, 탐구심이 깊고 원하는 것을 모든 시도해볼 기회를 잘 활용했던 그는 현미경을 얻어 일상적으로 볼 수 있는 물체를 관찰하기 시작했다. 후크의 저서에는 개미, 거미, 쐐기풀부터 천, 곰팡이의 표면을 나타낸 훌륭한 일러스트가 펼칠 수 있도록 접지된 종이에 큼직하게 그려져 있다. 달 표면도 있었지만, 현미경으로 관찰한 모습은 아니었을 것이다. 후크는 그림마다 직접 관찰한 특징을 세밀하게 묘사하고, 자신이 생각한 특징의 의미도 설명했다. 그중에서도 가장 중요한 것은 그가 18번째로 관찰한 결과일 것이다. 코르크를 얇은 조각으로 잘라서 현미경으로 들여다본 후크는 그 모습을 '구멍, 또는 작은 방cell'이 있고 '그리 깊지 않지만 아주 작은 여러 개의 상자와 같은 모습'이라고 묘사했다. 모든 생물을 구성하는 이 작은 단위에 처음으로 세포라는 이름이 붙여진 시점이다.

후크가 직접 그려 설명을 덧붙인 세포 일러스트는 개미만큼 아름답지도 않았고, 너무 자세해서 악명이 높은 벼룩 그림만큼 실감 나지는 않지만, 생물학 사상 가장 의미 있는 그림 중 하나로 여겨진다. 이 그림에는 직사각형에 가까운 회색 네모가 줄줄이 자리하고, 흰색 벽이 그 주변을 둘러싸고 있는데 모두 빽빽하고 가지런한 일직선으로 배치되어 있다. 후크가 이 자그마한 네모 상자들을 보고 수도원의 작은 방들이 줄지어 있는 모습 같다고 묘사한 것도 충분히 이해가 간다.

코르크 세포에 관한 후크의 설명을 보면, 후크가 다른 식물도 비슷한 구조로 되어있다는 사실을 깨달았다는 걸 알 수 있다. 일부는 이 작은 상자 안에 액체 또는 '식물의 즙'이 채워져 있다고 설명하기 때문이다. 후크가 코르크를 굴참나무의 표면에 진균이 자라서 만들어진다고 잘못된 결론을 내린 것은 조금 아쉽다. 오늘날 우리는 나무껍질이 두꺼워지는 것은 나무가 산불을 견디고 살아남기 위해 적응한 결과라는 사실을 알 수 있다. 그러나 이러한 오류에도 불구하고 세포의 첫 관찰은 현대 생물학과 인간의 기능 방식을 이해하는 길을 열었다. 어쨌건 전체적으로 매우 놀라운 성과다.

세포의 존재를 알게 된 후로 350년이 넘는 세월이 흘렀으나, 우리는 인체를 구성하는 각기 다른 종류의 세포를 아직도 전부 알지 못한다. 사람의 몸이 37조 개의 세포로 구성된다는 것은

혈구

0.01mm

혈구의 종류

밝혀졌다(37 뒤에 숫자 0이 12개나 붙는다). 그리고 세포의 종류가 수천 가지인 것도 알게 되었고, 실제로는 훨씬 더 많으리라는 것도 명확해지고 있다. 세포에는 적혈구, 신경세포, 백혈구, 피부세포, 정자세포, 난세포 등과 같이 종류가 확실한 것도 있지만, 생물학자들은 자세히 들여다볼수록 세포 간의 차이는 점차 미묘해진다는 사실을 알아냈다.

혈구를 예로 들어보자. 혈액의 대표적인 2가지 세포는 적혈구와 백혈구다. 적혈구는 후크가 《마이크로그라피아》를 발표한 때와 비슷한 시기에 발견되었지만, 백혈구는 175년이 흐른 뒤에야 발견됐다. 현미경 관찰의 공통적 문제, 즉 세포가 투명해서 보이지 않는다는 점이 문제였다. 그러다가 세포에 색을 입혀서 현미경으로 관찰할 수 있는 염료가 발견되었고, 보이지 않는 세포를 가시화할 수 있게 되면서 세포 생물학은 활짝 피어났다. 이로써 혈액의 경우 백혈구는 1가지가 아니며 수십 가지라는 사실이 밝혀졌다.

현미경 관찰을 돕는 염료를 세심하게 잘 고르면 세포 내부의 모든 구성요소 중 딱 원하는 몇 가지에만 색을 입힐 수 있다. 헤마톡실린haematoxylin도 그 염료 중 하나다. 헤마톡실린은 중앙아메리카의 '푸른색 나무bluewood'라는 (잘 어울리는) 이름이 붙여진 나무의 중심부(심재)에서 추출한 짙은 청색 물질이다. 이 청색 염료는 세포에서 유전 물질과 DNA가 자리한 세포핵과 특히 단단하게 결합한다. 따라서 인체 혈액을 헤마톡실린으로 염색한 후 관찰하면 염료와 결합하지 않은 세포가 대부분을 차지한다. 적혈구는 인체에서 유일하게 핵이 없는 세포이기 때문이다.

그러나 백혈구는 핵을 가지고 있으므로 헤마톡실린에 의해 파란색을 띠게 된다. 현미경으로 혈액 샘플을 관찰할 때 눈으로 확인할 수 있는 백혈구는 얼마 안 되지만, 종류가 뚜렷하게 다른 3가지 이상의 백혈구는 볼 수 있다. 가장 수가 많은 종류는 호중구Neutrophil다. 백혈구 전체의 최대 60%를 차지하는 호중구에는 엽, 혹은 잎사귀 같은 아주 특징적인 형태의 핵이 자리한다. 또 다른 백혈구인 림프구는 세포 전체를 다 차지할 만큼 커다랗고 동그란 핵을 갖고 있다. 단핵구의 핵은 콩알 모양이다. 여러 번의 연습을 통해 가장 잘 맞는 염료를 택하면 호염기구와 호산구도 볼 수 있다.

여기까지만 해도 5가지다. 5가지 종류가 맡은 기능도 제각기 완전 다르다. 호중구는 혈액 여기저기를 돌아다니며 세균을 발견하면 집어삼켜서 파괴하고, 단핵구는 활성화되면 대대적인 변화를 거쳐 엄청난 파괴력을 가진 대식세포(전혀 다른 종류다)가 되는데, 이렇게 분화한 후에는 혈액을 빠져나가 체내 조직 속을 돌아다닌다. 과학계가 백혈구 하나하나를 찾아서 무슨 기능을 수행하고 면역반응과 어떤 관련이 있는지 밝혀낸 덕분에, 이전까지는 별로 특별한 점도 없고 시시해 보이기만 했던 림프구가 면역 시스템의 중추라는 사실이 밝혀졌다. 림프구가 3종류로 구성된다는 것도 알려졌는데, 그중 하나인 B세포는 항체를 만들고 T세포는 외부에서 인체로 유입된 물질을 찾아내며 나머지 자연살해세포는 바이러스에 감염된 인체 세포를 찾아서 파괴한다.

여기까지는 면역계를 구성하는 세포 중 표면만 겨우 훑은 것이다. 이 1가지 면역 시스템에만 20종이 넘는 세포가 관여할 것이다. 더군다나 면역계가 더 많이 밝혀질수록 관련된 세포의 종류도 계속해서 더 많이 밝혀지고 있다. 이런 사실을 참고하면 현재 진행 중인 가장 흥미진진한 생물학 프로젝트가 어째서 '인간 세포 지도human cell atlas'를 완성하는 일인지 이해할 수 있다.

생물이 기능하는 방식은 궁극적으로 그 생물을 구성하는 세포가 어떻게 함께 기능하느냐에 달려 있다. 단세포생물인 아메바나, 전체 세포가 3,000개 정도인 자그마한 생물을 연구해보면 이런 사실이 명확해진다. 그러나 생물학적인 특성을 제대로 이해하고 싶은 대상이 우리 인간이라면 앞에서도 언급했듯 밝혀내야 할 세포가 37조 개나 된다. 이 모든 세포가 어떻게 함께 기능하는지 모형을 수립하기 위해서는 각기 다른 세포가 무슨 일을 하며 우리 몸 어디에 존재하는지부터 알아야 한다. 그런 다음 다른 세포와 어떻게 상호작용하는지 알아낸다.

생물학자들은 지금까지 이 문제와 씨름해왔다. 세포의 새로운 종류를 찾고, 종류마다 무슨 일을 하는지 알아내서 이해의 폭을 넓히기 위한 노력을 하고 있다. 2016년에는 생물학자 두 사람이 팀을 꾸리고 계획을 수립했다. 영국 케임브리지의 사라 타이히만Sarah Teichmann과 미국 매사추세츠주의 케임브리지(지명이 같다)에서 활동 중인 아비브 레게브Aviv Regev가 그 주인공이다.

두 사람은 세포에 담긴 유전자 중에서 적극적으로 활용되는 것과 휴면 상태로 남겨진 것의 패턴을 찾는 연구에 몰두해왔다. 맡은 기능이 많지 않거나 성장 속도가 빠르지 않은 세포의 경우 DNA를 구성하는 2만 개 이상의 유전자 중에 활성화된 것이 2,000~3,000개에 불과하다. 나머지 유전자는 전원이 꺼진 상태, 즉 불활성 상태로 존재한다. 그래서 어떤 유전자가 활성화되는지 살펴보면 유전학적인 특징으로부터 그 유전자가 담긴 세포의 종류를 알 수 있다. 지금은 살아 있는 생체 조직에서 검사대상물을 바로 채취해 세포 단위로 이와 같은 분석을 할 수 있는 새로운 기술도 개발되었다. 타이히만과 레게브는 이 기술이 '게놈 프로젝트'만큼, 즉 사람의 모든 DNA를 분석했던 그 연구만큼 혁신적인 시도를 해볼 만한 수준에 도달했다고 판단했다.

게놈 프로젝트는 1990년에 시작되어 16년에 걸쳐 마무리되었다. 마지막 염색체의 DNA 염기서열이 모두 밝혀진 2006년까지 수천 명의 과학자가 이 프로젝트에 매달렸고, 수십억 달러가 투여된 대규모 프로젝트였다. 게놈 프로젝트로 도출된 결과는 생물학적인 이해의 범위를 바꿔놓았다. '인간 세포 지도' 프로젝트도 그와 같은 성과를 가져올 잠재력이 있다.

인간 세포 지도 프로젝트는 현재 에콰도르, 나이지리아, 러시아를 포함한 전 세계 55개국 584개 연구기관의 참여로 1,000여 명의 과학자들과 함께 순탄하게 진행되고 있다. 2018년 4월에 처음으로 발표된 결과에는 50만 종이 넘는 세포의 세부 정보가 담겨 있었다. 이 데이터는 사람의 생물학적 특성에 관한 이해 수준에 새로운 빛이 되기 시작했다.

한 예로, 타이히만의 동료인 샘 베흐자티Sam Behjati는 소아기에 많이 발생하는 신장암의 일종인 윌름스 종양Wilms' tumour이 사실상 태아가 가지고 있던 신장 세포이며, 이 세포가 정상적으로 발달하지 못하고 과도하게 분열되면서 종양이 생긴다는 사실을 알아냈다. 이 정보를 토대로 윌름스 종양 환자는 전통적인 화학요법 치료 대신 세포 신호를 바로 잡아서 문제의 세포가 신장 세포로 성숙할 수 있도록 만들면 된다는 것이 밝혀졌다.

인간 세포 지도 프로젝트를 통해 폐의 벽에서 '이오노사이트ionocyte'라는, 전혀 새로운 종류의 세포가 발견된 것도 인류의 큰 돌파구가 된 성과 중 하나다. 비교적 흔한 질병인 낭포성 섬유증과 이오노사이트가 서로 인과관계에 있다는 점은 흥미로운 특징이다. 이전까지는 여러 종류의 세포가 낭포성 섬유증과 관련되었을 거라 보고, 가능성 있는 세포를 표적으로 삼는 약물 치료법을 개발했기 때문이다. 이제는 이오노사이트의 발견을 통해 더욱 효과적인 치료법을 기대할 수 있다. 다만 프로젝트 초기에 나온 몇 안 되는 사례에만 집중하면 '인간 세포 지도'의 핵심, 즉 인간의 생물학적 특징을 모두 밝혀낼 기초를 마련한다는 목표를 놓칠 수 있다.

로버트 후크가 현미경으로 관찰한 모든 표본이 세포라는, 생명의 기초단위로 구성된다는 사실을 깨달았다면, 작은 방cell을 의미하는 단어에 생물학적인 의미가 부여되는 일도 없었을 것이다. 당시 후크가 활용할 수 있는 기술에는 한계가 있었으므로 관찰 결과를 다른 방향에 적용할 수 없었고, 같은 맥락에서 현미경으로 본 작은 상자들을 수도원의 작은 방에 비유할 수밖에 없었다. 코르크 조각을 시작으로 더 큰 생물이 어떻게 구성되는지 연구하고 발견할 수 있던 것은 순전히 운이 따라준 결과였다.

'인간 세포 지도' 프로젝트에서 밝혀질 세포 대부분은 코르크 세포와 닮은 구석이 거의 없을 것이다. 수도사의 독방은 말할 것도 없다(사제들의 독방을 셀이라고 하는데, '작은 방'이라는 뜻의 라틴어에서 유래했다 – 옮긴이). 나는 운 좋게도 후크가 일했던 영국왕립학회 건물을 찾아가서 화려하게 장식된 멋진 도서관을 둘러본 후, 후크가 직접 쓴 《마이크로그라피아》의 사본을 볼 수 있었다. 여러 곤충, 꽃, 진균류의 포자를 나타낸 그림은 너무나 세밀하다. 하지만 내게 가장 큰 놀라움을 안겨준 것은 현미경으로 관찰한 코르크를 그린 간단한 그림 한 장이었다.

세포 지도가 전부 다 밝혀진 최초의 생물은 '예쁜꼬마선충Caenorhabditis elegans'이다. 몸길이가 1mm 정도로 크기가 아주 작고 거의 투명한 이 선충은 흙에서 산다. 몸 전체의 세포가 959개밖에 되지 않는 정말 작은 생물로, 1977년 영국 케임브리지 과학자들이 세포 하나하나의 운명과 기원을 전부 밝혀냈다.

SOME UNCOMFOR-TABLE BIOLOGICAL TRUTHS

불편한
생물학적
진실들

2

인간은 왜 스스로를 길들이는가?

인간의 가장 놀라운 특징 중 하나는 다른 인간과 어울려 지내는 능력이다. 듣자마자 이게 무슨 말도 안 되는 소리냐고 하는 사람도 있으리라. 인간이 인간에게 폭력을 일삼고, 끔찍한 일도 서슴지 않는다는 소식이 쉴 새 없이 들려온다. 죽음이나 전쟁 소식도 매일 들려오는데, 왜 인간의 사교성이 놀라운 특징이라는 것일까? 괴리감이 느껴질 만도 하다.

그러나 최근 과학자들과 역사학자들은 이와 같은 뉴스를 대하는 우리의 반응이 대중매체가 우리에게 퍼붓는 다이어트 정보와 그에 따르는 무릎반사 같은 반응과 비슷하다고 보았다. 미국 하버드 대학교의 인지심리학자 스티븐 핑커Steven Pinker 는 인간의 폭력성이 점차 증가한다는 생각에 유창하게 반박한 인물로 유명하다. 핑커는 죽음의 역사를 분석한 뒤, 전쟁과 폭력의 시대에 비하면 우리가 사는 시대는 전례 없을 만큼 평화롭다는 결론을 내렸다.

실제로 인간은 가장 가까운, 사촌뻘 동물과는 사뭇 다른 사회적 존재다. 큰 무리를 지어 생활하는 유인원, 특히 침팬지는 점점 폭력적이고 불안정해지는 경향을 보인다. 서로 다른 무리에 속한 침팬지가 우연히 만나게 되면 대체로 폭력적인 행동을 보이는 데 반해, 인간은 낯선 사람을 봐도 폭력성을 드러내지 않는 능력이 매우 뛰어나다. 그렇게 인간의 공격성은 점차 크게 줄어들 것으로 추정된다.

아이러니한 것은 개나 고양이, 양, 말과 같은 다른 동물 종에서도 공격성이 줄어드는 경향이 나타나며, 그 원인이 대부분 인간이라는 점이다. 공격성을 줄이고 사람과 비폭력적인 방식으로 원활하게 상호작용하는 게 '가축화'의 핵심이다. 그렇다면 가축과 달리 인간은 자신을 길들이고, 스스로 말을 잘 듣는 존재가 되는 걸까?

가축화에 관한 가장 영향력 있는 과학 연구는 시베리아 외곽 노보시비르스크의 한 농장에서 실시됐다. 1959년, 러시아의 동물학자 드미트리 벨리예프Dmitri Belyaev는 새롭게 밝혀진 유전학적 지식과 소비에트 정부의 모피 동물 사육사로 일했던 경험을 토대로 은빛 여우를 길들여보기로 했다. 과감한 시도였다.

소련에서는 스탈린 집권 시기에 트로핌 리센코Trofim Lysenko라는 농학자가 작성한 생물학 관련 법률이 마련되었다. 다윈의 진화론을 거부한다고 밝힌 리센코는 "유전학은 곧 반공산주의"라고 주장했다. 이에 수천 명의 생물학자가 처형당하거나 강제수용소로 끌려갔다. 벨리예프의 연구가 시작된 때는 스탈린 사후, 소련이 흐루쇼프 시대로 접어든 시기였으나, 유전학은 여전히 금지된 학문으로 시도 자체가 위험천만한 일이었다.

리센코의 영향력이 시들해졌음에도 벨리예프의 여우 실험은 착수도 하기 전에 없어질 위기에 처했다. 리센코가 자신의 정치적 권력을 되살리고자 위원회를 구성하고 벨리예프가 속한 연구소의 일들을 비난하기 시작한 것이다. 같은 해, 중국에서 마오쩌둥과 만나고 돌아온 소련의 원수 니키타 흐루쇼프는 상황을 직접 살펴보기 위해 노보시비르스크를 찾았다. 흐루쇼프의 방문 일정이 마무리되어 갈 때쯤에는 연구소가 폐쇄될 것이 분명하다는 전망이 짙게 깔려 있었다.

그러나 바로 그때, 생물학 전공자로 기자 활동을 하던 흐루쇼프의 딸, 라다가 나타났다. 흐루쇼프는 결과적으로 연구소 폐쇄가 아닌 연구소 소장의 해임을 결정했고, 이는 라다의 영향이라는 이야기가 공공연했다. 그렇게 당시 부소장이었던 벨리예프는 소장으로 승진해 1년짜리 여우 실험을 이어갈 수 있었다.

여우 실험을 시작한 사람은 벨리예프였지만, 여우를 다루는 일은 전부 연구 조수인 류드밀라 트루트Lyudmila Trut가 맡았다. 트루트는 사육 프로그램을 기획하고 생후 1달밖에 안 된 여러 마리의 새끼 여우를 대상으로 간단한 실험을 했다.

트루트는 새끼 여우에게 주기적으로 먹이를 주고 쓰다듬고 안아주었다. 다른 인간과는 별다른 접촉이 이루어지지 않도록 했고, 새끼 여우의 생애 6개월이 흘러가는 동안 1달에 한 번씩 같은 실험을 진행했다. 이 간단한 실험이 모두 끝나면 트루트는 새끼마다 길들어진 정도를 평가하고, 각 세대에서 가장 많이 길든 순서를 매겨 5위까지만 사육 프로그램에 포함시켰다. 같은 방식으로 6년간 총 6세대에 걸쳐 인위로 길든 개체를 선별한 결과, 여우는 인간이 만져도 가만히 꼬리를 흔들고 있을 뿐만 아니라, 혼자 남겨지면 낑낑대고 실험자의 손을 핥는 행동을 했다.

1972년에 12대째 태어난 새끼 여우 중 '가장 길이 많이 든' 기준을 충족한 여우는 약 1/3이었다. 이후 2009년이 되자 이 숫자는 2배 넘게 증가했다. 은빛여우가 가축화되기까지 50세대면 충분하다는 결과였다. 그 50세대의 세월은 여우의 사회성과 행동에만 변화를 준 것이 아니었다. 여우의 몸에도 변화가 생겼다. 두개골은 단단함이 줄어 약해졌으며, 주둥이는 짧아지고, 송곳니가 작아졌다. 털도 얼룩무늬가 생기거나 심지어 붉은색으로 변하는 개체도 있었다. 화석 연구와 가축화된 다른 동물에서 관찰된 결과를 종합했을 때, 이는 모두 예상할 수 있는 변화였다. 가축화에는 사회성 증대와 몸, 특히 두개골 변화가 동반되기 때문이다. 그리고 인간도 정확히 같은 변화를 겪었을지도 모른다.

고대 인류 화석을 조사하던 미국의 한 연구진은 지금으로부터 9만~8만 년 사이 어느 시점에 인간 두개골에 약간의 변화가 있었다고 밝혔다. 눈 위에 있던 큼직한 눈썹 융기와 두개골의 전체적인 높이가 줄어들었다는 것이다. 또한 호모 에렉투스, 호모 하이델베르겐시스와 비교하면 턱뼈가 덜 도드라지고 두개골을 기준으로 턱이 좀 더 뒤쪽으로 들어간 것을 알 수 있었다. 튀어나온 입도 짧아지고, 송곳니는 크기가 작아졌다. 화석의 흔적은 벨리예프와 트루트가 길들인 여우들에게서 나타난 가축화와 똑같은 특징을 보였다.

오늘날 우리의 두개골 모습이 가축화가 진행된 결과라면 인간의 강력한 사회성도 가축화에 따른 결과라는, 합리적 가설을 세울 수 있다. 자연선택에 의한 진화가 일어나려면 반드시 한 개체의 유전자가 생식 활동을 통해 다음 세대로 전달되어야 한다. 따라서 이러한 변화는 진화와도 상당한 관련이 있다. 다른 인간과 무리 지어 지내며 공동체 규모가 점점 커질수록 더 많은 다른 인간과 어울려 지내야 하는 압력에 좀 더 수월하게 대처했던 사람이 짝짓기와 양육 같은 복잡한 사회적 활동을 성공적으로 이뤘을 가능성이 크다. 이것은 벨리예프와 트루트가 여우에게 인위적으로 부여한 선택압selection pressure(개체군 중에서 환경에 가장 적합한 일원이 부모로서 선택될 확률과 보통의 일원이 부모로서 선택될 확률의 비율 – 옮긴이)과 동일하다. 뛰어난 사회성, 낯선 사람을 덜 적대시하는 것이 유리한 진화적 요소가 된 것이다. 피상적인 증거로는 인간은 여우, 말이나 소와 같이 가축화 과정을 거친 것으로 추정된다. 하지만 여전히 결과적으로 인간에게 무슨 일이 벌어졌는지만 알 수 있을 뿐, 그 과정이 어떻게 이루어졌는지는 밝혀지지 않았다.

벨리예프와 트루트가 인간에게 우호적인 여우들에게서 발견한 첫 번째 변화는 새끼 여우의 혈중 아드레날린 수치가 줄든 것이었다. 추가로 시행한 연구결과 테스토스테론 감소가 일부 사회적 변화와 신체 변화의 기반을 마련했을 가능성이 밝혀졌다. 그러나 매우 흥미로운 결과는 새롭게 발견되었다. 가축화와 아주 초기 단계의 배아에서 발견되는 신경능선세포의 운명에 공통적인 특징이 있다는 사실이다.

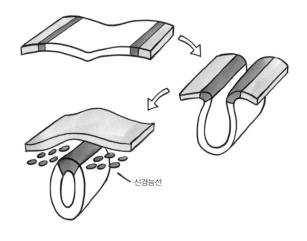

신경능선

신경관과 신경능선세포의 형성

사람을 포함한 모든 포유동물은 배아 발달의 가장 첫 단계에
서 신경관이 형성된다. 수정 후 8일쯤 지나면 속이 빈 공 모양
의 세포 형태이던 인체 배아의 표면이 접혀서 안쪽에 관이 생
기고, 나중에는 관 부분이 따로 분리된다. 이 관이 계속해서 발
달하여 인체의 척수와 뇌, 신경계를 이룬다. 신경관의 형성을
돕고, 그 과정이 완료되고 나면 남게 되는 세포가 바로 신경능
선세포다. 이렇게 남은 세포는 계속 발달하여 뼈, 머리, 피부
의 색소 세포, 부신, 치아에 이르기까지 여러 가지 다양한 조직

과 구조가 된다.

그런데 이렇게 뿔뿔이 흩어진 신경능선세포의 여러 부분이 '가축화 증후군'에서 보이는 부분과 상당히 일치하는 모습이다. 벨랴예프와 트루트의 실험에서 길든 여우는 두개골 형태와 이빨이 달라지고 피부색에도 영향이 미친 것으로 나타났다. 아드레날린이 감소한 것 또한 호르몬 생성 기관인 부신에 변화가 있었음을 의미한다. 이러한 상관관계는 신경능선세포의 감소가 가축화의 근본적인 원인일 수 있음을 나타낸다. 다만 아직까지는 가설에 불과하고, 현재까지 신경능선세포와 가축화의 상관관계에 관한 확정적 증거는 밝혀지지 않았다. 만약 증거가 밝혀진다면, 어떻게 인간이 이토록 강한 사회성을 보이며, 가축화되고 길들여졌는가를 알아내는 첫 단추를 끼우게 될 것이다.

사람들의 관심은 동물을 길들여서 가축으로 만드는 일에 쏠렸지만, 인간에게 가장 큰 영향을 준 것은 길들일 수 있는 식물이 생겨난 일이었다. 밀, 옥수수, 벼와 같은 주요 작물에서 품질이 일정하고 수확량이 많은 품종이 생기지 않았다면 지역사회가 확장되고 기술이 발전할 수 있던, 농업 혁명은 결코 일어나지 못했을 것이다.

여러 가지 피부색이
등장한 이유

■

21세기임에도 여전히 피부색 문제로 몸살을 앓고 있다. 피부색은 현대 문화에서 가장 민감한 이슈임이 틀림없다. 그러니 피부색이 어째서 이처럼 각양각색으로 멋지고 다양한지를 밝히는 연구가 광범위하게 진행되어온 것도 당연한 일이다. 그리고 이러한 연구는 생물학적인 탐구에 해당한다. 생물학이란 간단하게 문제가 해결되지 않는 학문인 만큼, 피부색 역시 과학적 사실이 밝혀질수록 머릿속을 복잡하게 만든다. 피부색에 관한 연구에서 '왜'라는 질문의 답은 여전히 밝혀지지 않았지만, '언제'(다양해졌는가)에 대한 답은 비교적 명확하게 밝혀졌다.

피부색이 생긴 시점을 밝히기 위한 연구는 고대인의 DNA를 추출하고 분석할 수 있게 된 이후에야 가능해졌다. 당연히 피부나 머리카락은 화석 형태로 조금도 남아 있을 수 없었기 때문이다. 바싹 마른 화석만으로는 고대에 살던 선행 인류, 또는 인류의 피부색이 어땠는지 알 방도가 없었다.

피부색은 멜라닌이라는 화학물질의 존재 여부에 따라 결정되고, 멜라닌의 종류는 다양하다(색깔과 전혀 관련이 없는 것도 있다). 그중에서 가장 많은 비율을 차지하는 멜라닌이 바로 갈색과 검은색 색소다.

멜라닌은 피부 가장 바깥층인 표피 바로 아래 멜라닌형성세포에서 만들어진다. 거미나 불가사리와 비슷하게 생긴 이 멜라닌형성세포는 길게 돌출된 부분이 표피 쪽으로 뻗어 있다. 멜라닌형성세포 안쪽에는 멜라닌이 작은 묶음으로 뭉쳐 있고, 이 작은 묶음의 멜라닌이 길게 뻗은 부분을 통해 전달되면 주변 피부 세포에 색소가 조금씩 흡수된다. 짙은 계열의 멜라닌 색소는 멜라닌형성세포는 물론, 주변 세포들에도 같은 방식으로 확산된다. 그렇게 피부색은 멜라닌형성세포가 만들어내는 멜라닌의 양에 좌우되고, 멜라닌 생성량은 멜라닌형성세포자극호르몬수용체MSHR가 결정한다.

MSHR은 멜라닌형성세포 표면에 자리한 단백질이며, 이 수용체가 뇌하수체(사이뇌의 시상 하부에서 만든 신경 호르몬을 받아 분비한다. – 옮긴이)에서 분비된 호르몬 신호를 받으면 멜라닌이 만들어진다. 또한 MSHR의 숫자는 우리 몸에 MSHR로 암호화된 유전자가 얼마나 활성화되느냐에 따라 달라진다. 피부색이 짙은 사람과 옅은 사람이 존재하는 이유도 궁극적으로는 이러한 차이 때문이다.

이 사실이 밝혀진 후, 유전학자들은 고대인의 DNA에서 바로 MSHR 유전자를 조사하기 시작했다. 그리고 아주 오래된 인간 화석에 남아 있던 유전체를 조사한 결과, 모두 MSHR 유전자를 가졌으며 짙은 피부색을 보였을 가능성이 컸다. 유전학자들이 추적한 인간 진화의 역사에 따르면, 지금으로부터 최소 120만 년 전(사람종이 아직 존재하지 않았던 시절)에 짙은 색의 피부가 처음으로 나타났다. 동시에 몸을 덮은 털도 상당 부분 사라진 것으로 추정되었다(220쪽 참고). 그러므로 호모 사피엔스가 하나의 생물 종으로 처음 나타났을 때, 호모 사피엔스의 피부는 짙은 색이었을 것이다. 옅은 색 또는 하얀 피부는 진화를 거쳐 나중에야 등장했으며, 이러한 변화는 각기 다른 지역에서 2차례에 걸쳐 발생한 것으로 추정된다.

유럽에서 먼저 밝은색 피부가 나타났는데, 그 시기가 겨우 6,000여 년 전이었다. 인류가 유럽에 첫발을 내디딘 시기가 약 4만 년 전이니, 유럽 대륙에 살던 인류의 85%는 짙은 색의 피부를 가졌다고 볼 수 있다. 이러한 사실을 밝혀낸 학자들은 초기 유럽인들에게서 유전학적 변화가 일어났으며, 이 변화가 MSHR 유전자가 아닌 멜라닌 생산과 관련된 돌연변이라는 것을 알아냈다. 또한 동아시아 지역 사람들의 피부색이 밝아진 것은 또 다른 유전학적 변화에서 기인한 것으로 보았다(현재까지 이 변화의 원인은 밝혀지지 않았다).

우리는 꽤 정확한 시점까지 고대인의 외모에 어떤 특징이 있었는지 파악할 수 있게 되었고, 유럽에서 짙은 피부색을 가진 사람들이 사라진 것이 비교적 최근이라는 사실도 밝혀졌다. 그러나 이러한 변화가 일어난 이유와 진화의 어떤 힘이 피부색 변화에 영향을 주었는지의 논의는 지금까지도 계속되고 있다.

짙은 색 피부가 먼저 발달하고 이어 밝은색 피부가 등장한 진화의 과정을 두고 격렬한 논쟁이 이어지고 있다. 몇 가지 어긋난 이론이 제기되고, 그중 2가지가 과학계 문헌에서 우위를 잡기 위해 서로 각축을 벌이는 상황이다.

약 50년 전 처음 제기되어 그 역사가 더 깊은 주장은 필수 영양소인 엽산과 비타민D에 관한 내용이다. 영어로 폴레이트folate, 또는 폴릭애시드folic acid라 불리고, 비타민B9로도 알려진 엽산은 인체 DNA 수선에 꼭 필요한 필수 미량영양소다. 엽산은 그 밖에도 세포 분열과 세포의 다양한 생물학적 기능을 돕는다. 엽산이 부족하면 여러 의학적 문제가 발생하는데, 가장 심각한 문제가 여러 종류의 빈혈이다.

빈혈은 임신 중에 특히 무시 못 할 문제가 된다. 태아가 건강하게 자라기 위해 엽산은 필수적이다. 임신 중 엽산이 부족하면 조산아가 나오거나, 척추갈림증과 같은 신경관 결함이 발생할 수 있다. 그렇기에 체내 엽산 농도 유지는 진화에 강력한 선택압으로 작용한다. 선행 인류는 숲이 아닌 아프리카 평원에서 진화했고, 몸의 털이 사라진 후 체온을 유지하고 조절하기 위해 땀을 흘리기 시작했다. 몸에 털이 사라지면서 인체는 자외선에 더 자주, 많이 노출되었고 이는 체내 엽산이 분해되는 원인이었다. 따라서 아주 초창기 등장한 선행 인류는 엽산의 결핍을 막기 위해 자외선을 흡수하는 멜라닌이 풍부한(그것도 아주) 피부, 즉 짙은 색의 피부로 진화했다(인류의 피부색이 짙어진 이유다).

반대로 밝은색 피부 변화의 이유는 또 다른 비타민이자 인체 성장에 엽산만큼이나 중요한 비타민D에서 찾을 수 있다. 비타민D가 부족하면 음식으로 섭취하는 무기질 중 칼슘이 제대로 흡수되지 않아서 어린아이들에게 구루병과 같이 뼈가 물러지는 질병이 발생한다. 또한 면역계의 조절 기능에 문제가 발생하여 자가면역질환을 일으키고 감염에 취약해진다. 음식 중 생선을 충분히 섭취할 수 없는 전 세계 사람들에게 필요한 비타민D의 주된 원천은 햇빛, 즉 자외선이다. 비타민D의 입장에서 자외선은 파괴적 위험보다 건설적 이득이 더 큰 자원이다. 자외선은 식품에 함유된 특정 종류의 콜레스테롤을 비타민D 전구체(어떤 물질대사나 반응에서 특정 물질이 되기 전 단계의 물질 – 옮긴이)로 변환하기 때문이다. 이 전구체는 간에서 최종 변화를 거쳐 비타민D가 되고, 이것이 장으로 옮겨져 칼슘의 흡수를 돕고 면역계가 제대로 조절되도록 기능한다.

결과적으로 약 4만 년 전, 짙은 피부색의 호모 사피엔스가 처음 발을 디딘 북유럽은 구름이 잔뜩 낀 하늘과 어둑한 겨울철이었을 것이다. 그로 인해 자외선에 노출되는 시간이 줄고 그만큼 체내 비타민D의 생성량도 감소했다. 그렇게 인류는 비타민D 결핍으로 고통받다가, 2만~3만 년이 흐르며 멜라닌 생산이 중단되는 돌연변이가 일어났다(추정). 아프리카에서는 내리쬐는 자외선이 인체의 보배 엽산을 파괴할 위험을 주므로 이러한 변화가 반가울 리 없겠지만, 날씨가 흐린 북유럽에서는 자외선에 노출될 일이 적었으므로 이런 변화가 문제 되지 않았다. 오히려 피부 내부로 침투하는 자외선의 양이 많아지면서 비타민D 생산량이 증가했으니 유리한 변화였다.

이것이 짙은 피부색을 가진 사람과 옅은 사람의 진화에 관한 엽산과 비타민D 가설이다. 영양학적인 요구가 진화를 일으킨 동력이라고 추정하는 깔끔하고, 명확하며 훌륭한 가설이다. 그러나 일부 학자들은 이를 뒷받침하는 실질적 근거가 없다고 말한다. 이에 샌프란시스코 캘리포니아대 연구진은 다른 가설을 제시했다.

이전의 연구들은 밝은색 피부도 자외선에 노출되면 짙은 피부색의 사람들과 마찬가지로 혈중 엽산 농도가 감소한다는 점을 증명하려 노력했다. 그러나 피부색이 달라도 결과에 차이는 없었고, 자외선 노출은 혈중 엽산 농도에 아무런 영향을 주지 않는 것으로 나타났다. 즉 자외선은 엽산에 영향을 줄 정도로 피부 깊숙이 침투하지 않는다는 것이었다.

덴마크에서는 한 연구진이 지원자를 대상으로 자외선이 적은 겨울철에 일상생활을 통해 체내에 생성되는 비타민D의 양을 조사했다. 비타민D와 엽산 가설에서는 피부색이 옅은 사람의 경우 자외선이 최소한으로 주어져도 이를 활용하여 비타민D를 만들지만, 짙은 피부색의 사람은 멜라닌이 자외선을 모두 흡수하여 비타민D 농도가 감소한다고 주장한다. 그러나 실제 연구결과, 피부색이 다른 두 그룹의 체내 비타민D 농도는 비슷한 수준이었다. 혹여 내가 유리한 데이터만 골라서 제시하고 있을 수도 있다. 이와 정반대되는, 즉 비타민D와 엽산 가설을 뒷받침하는 증거도 분명 존재한다. 그러나 앞서 말한 캘리포니아대의 연구진은 전혀 다른 의견을 제시했다.

캘리포니아대 연구진들은 짙은 피부색을 진화시킨 가장 큰 원동력은 '물'이라고 주장한다. 선행 인류가 숲에서 나와 몸의 털이 사라지고 땀을 흘리기 시작한 것이 피부색 변화를 일으킨 원인이라고 보는 것이다.

아프리카 대초원에서는 탈수증이 문제가 된다. 표피에 있는 멜라닌은 피부를 뚫고 물이 들고 나가는 투과성을 떨어뜨리므로 체내에 귀중한 수분을 보존하는 데 용이하다. 그러나 피부색이 짙은 인류가 습하고 어두운 유럽으로 이동한 후, 비타민D가 충분한데도 인류는 물을 보존하기 위해 멜라닌 생산을 계속해서 이어갔다. 하지만 습습한 유럽에서는 수분 보존을 목적으로 멜라닌을 만들기 위해 에너지를 쓸 필요가 전혀 없었다. 이렇게 낭비되는 에너지가 극히 일부라고 생각할 수도 있다. 그러나 비슷하게도 에너지를 불필요하게 소비하는 다른 특징이 진화를 거쳐 사라진 사례가 있다. 다시 말해 유럽인들의 피부에서 색소가 사라진 것을 인체 에너지의 절약을 위해 일어난 변화로 설명할 수 있다.

인류는 왜 짙은 피부색을 갖게 되었고, 유럽과 동아시아인의 피부에서는 왜 멜라닌이 그토록 많이 사라졌을까? 딱 한 가지 확실히 말할 수 있는 것은 원인이 너무 복잡하다는 것이다. 비타민D와 엽산 가설의 경우 엽산에 관한 부분이 불확실한 측면이 있다. 과학자들은 멜라닌을 이용한 수분 절약 기능이 피부색에 영향을 주었다고 확신한다. 하지만 아직 정답은 없다. 멜라닌이 자외선을 흡수하는 방식과도 관련이 있다는 것까지는 알지만, 정확한 기전은 파악되지 않았다. 가장 최근에는 이 2가지 이론을 하나로 엮어, 2가지가 어느 정도 동시에 일어났다는 주장을 입증하기 위해 연구가 진행 중이다. 생물학은 본질적으로 엉망진창에, 복잡하다는 점을 고려하면 진짜 2가지가 함께 일어났을 수도 있고, 훨씬 더 복잡한 과정이 숨어 있을 수도 있다.

머리카락의 색은 모낭(221쪽 참고)의 줄기세포에서 만들어지는 검은색 유멜라닌과 갈색 유멜라닌, 붉은색 페오멜라닌까지 3종류의 멜라닌 비율에 따라 결정된다. 나이가 들면 멜라닌 생성량이 감소하는데, 이 중 가장 적게 감소하는 것이 검은색 유멜라닌이다. 머리카락에 검은색 유멜라닌이 있으면 나이가 들면서 머리카락이 회색으로 변하고, 검은색 유멜라닌이 없으면 하얀색으로 변한다.

죽음의 속도
죽음의 신호

□

1918년에 미국 스탠퍼드 대학교에서는 시안루이 쳉Xianrui Cheng과 제임스 페렐James Ferrell이라는 두 과학자가 시간당 약 2mm 간격으로 죽음의 속도를 측정했다(1시간에 1/16인치 정도 씩). 적어도 언론 보도에 나온 내용은 그랬다(이런 헤드라인은 모두의 눈길을 사로잡을 수밖에 없었으리라). 두 사람은 세간의 큰 주목을 받았고, 아마 스탠퍼드 대학교도 이를 자랑스럽게 생각했을 것이다.

그러나 기사의 헤드라인을 읽은 사람들 대다수가 사람처럼 커다란 생물의 죽음의 속도를 측정했으리라 생각했겠지만, 아쉽게도 그렇지 않았다. 두 사람이 측정한 것은 지구상 존재하는 모든 다세포 생물의 근본이 되는 현상, 즉 '세포자연사' 또는 '세포 자멸'로 알려진 과정이다(아직 모르는 사람이 많을 것이다). 세포 자멸을 뜻하는 영어 아포토시스apoptosis는 고대 그리스어로 '추락'을 의미한다. 정확한 표현은 '세포 자살'이다.

언뜻 보면 세포자연사는 인간의 고유한 특징인 것 같지만 모든 동물에게는 건강한 세포를 파괴하는 과정이 존재한다. 드물게 일어나는 알쏭달쏭한 일도 아니다. 어제, 오늘 그리고 지금 이 순간에도 우리 몸 안에서 수천억 개의 세포가 자멸한다(상상하기조차 힘들다). 그렇다면 어째서 우리 몸에 그토록 많은 세포가 자살하는 것일까?

인체를 구성하는 모든 세포의 수명은 한정되어 있다. 적혈구의 경우 약 120일, 간세포(간을 구성하는 세포 – 옮긴이)는 최대 18개월, 백혈구는 겨우 13일 정도밖에 활동하지 못한다. 그리고 인체에서는 매일 총 37조 개의 세포 중 약 0.5%(약 1조 8,500억 개 – 옮긴이)가 새로운 세포로 바뀐다. 이러한 세포 자멸에 따라오는 문제는 쓸모없는 낡은 세포를 어떻게 처리하는가 하는 것이다.

세포 내부에는 엄청난 손상을 일으킬 수 있는 갖가지 복잡한 효소와 화학물질이 존재한다. 이러한 효소와 화학물질은 상황이 허락되면 기능을 발휘하여 젊고 건강한 세포들 사이 공간을 깨끗하게 정리한다. 교체되어야 할 세포가 그대로 터져버리거나 분해되는 것은 썩 좋은 방법이 아니다. 세포의 분해는 질서정연하고, 세심하게 통제되는 과정을 거쳐 진행되어야 한다.

세포 자멸은 19세기에 처음 소개되었으나, 1970년대가 되어서야 구체적으로 무슨 일이 벌어지는지 밝혀지기 시작했다. 자살이 예정된 세포는 세포 내부에서 만들어진 신호 또는 외부에서 주어지는 자멸 신호를 받는다. 그리고 이 외부 신호는 주로 면역계를 구성하는 세포에서 발생한다. 자멸 신호를 받은 세포는 죽게 되며, 죽고 나면 DNA를 잘게 분해하는 연쇄 반응이 시작된다. 또한 세포 표면에 혹이 생기고 울룩불룩하게 물집 같은 것이 튀어나오는 기이한 '액포 형성' 과정도 시작된다. 이후 세포 내부의 작은 기관에서 이러한 액포가 밖으로 튀어나오도록 만들고, 그 결과 세포는 희한한 별 모양으로 변한다. 그러면 쓰레기 수거 차량과 같은 기능을 하는 특수한 면역계 세포가 이 액포를 집어삼켜서 세포를 안전하게 분해하고, 파괴된 세포의 일부는 재사용한다(마치 일반 쓰레기와 재활용 쓰레기를 구분하는 과정 같다).

과학계, 특히 유전학계에서 존 설트턴John Sulston, 로버트 호비츠Robert Horvitz, 시드니 브레너Sydney Brenner와 같은 학자들이 20세기 말부터 세포에 전달되는 '죽음 신호'가 어떻게 작용하는지 연구하였고, 그 과정을 밝혀냈다(이 세 사람은 2002년에 공로를 인정받아 노벨의학상을 받았다). 당시에 이 신호는 말

그대로 '죽음의 신호'라 불렸다. 초창기 연구는 예쁜꼬마선충 Caenorhabditis elegans, 줄여서 C.elegans라는 발음하기 힘든 영어 이름을 가진 아주 작은 회충을 대상으로 실시되었다. 연구진이 예쁜꼬마선충을 활용한 이유는 키우기 쉽고 번식 속도가 빠른 데다, 몸 전체 세포를 일일이 세어 각 세포의 운명을 추적할 수 있을 만큼 세포 수가 적기 때문이다.

연구결과 세포 자멸은 기능을 다한 세포를 제거하기 위한 것만이 아니라는 사실이 명확히 드러났다. 세포 자멸은 일종의 세포 가지치기의 용도로 자주 활용된다. 발달 중인 태아의 뇌는 실제 필요한 것보다 훨씬 더 많은 세포로 이루어지고, 이는 뇌세포끼리 올바르게 연결되도록 하기 위한 것이다. 제대로 된 위치에 있지 않은 세포, 또는 다른 세포들과 충분히 연결되지 않은 세포에게는 죽음의 신호가 전달되고, 조심스럽게 제거된다.

2000년에는 멋진 실험 보고서가 발표됐다. 올챙이의 발가락이 어떻게 발달하는지에 대한 연구였다. 세밀한 관찰을 거친 결과, 올챙이의 발가락은 우선 삽과 같은 구조가 생긴 후 그것이 펼쳐짐으로써 발가락 하나하나가 생겨나는 것으로 확인되었다. 이 실험에서 연구진은 죽음의 신호를 받은 세포가 전부 형광색을 띄도록 표지sign하는 기발한 아이디어를 떠올렸다.

그 결과, 삽 모양 구조를 이룬 세포는 스스로 발가락이 될 것인지 아닌지를 정하지 않으며(삽 모양 구조 세포에 발가락이라는 기능 목적이 설정되지 않는다), 세포가 방사형으로 줄지어 자멸하면 남아 있는 조직이 발가락 형태가 된다는 사실이 밝혀졌다. 이처럼 세포 자멸은 인체 모든 기관과 구조의 형태를 만드는 필수 과정으로, 매우 신중하게 활용된다.

죽음의 신호가 세포 주변으로 확산되고, 심지어 한 세포에서 다른 세포로 전달되는 방식은 최근에서야 명확히 밝혀졌다. 이역시 (언론의 스포트라이트를 받은) 쳉과 페렐이 거둔 성과였다. 두 사람이 공들여 측정한 것은 죽음의 신호가 이동하는 속도로, 연구는 개구리의 커다란 난세포를 대상으로 실시되었다.

챙과 페렐은 죽음의 신호가 단순 확산보다 빠른 속도로 이동한다는 중요한 사실을 확인했다. 확산이란 분자가 무작위로 가볍게 흔들리며, 액체 속에서 점진적으로 퍼져 나가는 일반적인 과정이다. 유리잔에 물을 담고 바닥에 소금을 넣은 뒤 그대로 두면 누가 젓지 않아도 소금의 확산만으로 짠맛이 나는 소금물이 된다. 챙과 페렐은 표지 물질로 붉은색 염료를 활용하여, 죽음의 신호가 염료의 확산 속도보다 더 빠르게 이동하는지를 확인했다. 그 결과 죽음의 신호는 생물학자들이 '유도 파동trigger wave'이라 부르는, 양성피드백positive feedback(산출된 결과물이 시스템의 작동을 더욱 촉진시키는 현상 – 옮긴이)의 형태로 퍼져 나간다는 사실이 밝혀졌다.

유도 파동은 생물의 여러 시스템에서 볼 수 있는 현상으로, 신경 섬유를 따라 자극이 전달되는 과정이 가장 잘 알려져 있다. 유도 파동이 이루어지는 정확한 기전은 제각기 다르다. 하지만 기본 개념은 같다. 분자 하나가 관여하는 것으로 추정되는 극히 작고 약한 신호가 자체적으로 만들어져 작은 변화를 일으키면, 개시(시작) 신호가 더 많이 생성된다. 신호가 커진 만큼 변화도 커지고, 개시 신호도 더욱 늘어난다. 양성피드백 고리에 해당하는 이 과정을 통해 신호는 확산 속도보다 훨씬 더 빠르게 이동한다. 이렇듯 세포가 죽음의 신호를 받으면 세포 자멸이 신속히 일어나는 동시에, 세포 전체에 자멸한 세포가 질서정연하게 제거될 수 있도록 알리기 위해 이러한 시스템이 발전했다는 것이 현재 제기되는 이론이다.

발달생물학을 연구하는 학자들만 세포 자멸과 세포사에 큰 흥미를 느끼는 것은 아니다. 이 시스템이 제대로 기능하지 못하면 막대한 결과가 초래될 수 있다. 과거에 암은 세포 분열이 통제 불가능한 수준으로 일어날 때 생기는 병으로 여겨졌다. 물론 실제로 세포에 돌연변이가 일어나고 걷잡을 수 없을 정도의 마구잡이식 분열이 일어나면 종양이 된다.

그러나 세포 자멸의 유전학적인 특징이 밝혀지고 DNA 염기 서열을 분석하는 최신 기술이 등장한 후, 세포가 죽음의 신호에 반응하지 못하는 게 수많은 암의 부분적인(혹은 전적인) 원인이라는 사실이 밝혀졌다. 조심스럽게 제거되어야 하는 세포가 그대로 남아서 암이 되는 것이다. 그리고 이러한 사실은 암 정복의 가능성을 열었다.

하나의 예로 고추의 매운맛을 내는 화학물질인 캡사이신을 이용한 초기 연구에서, 캡사이신은 쥐의 전립선암 세포의 세포 자멸 기전을 재활성화시킬 수 있는 것으로 나타났다. 굉장히 고무적인 결과지만 현시점에서 인체가 이런 효과를 얻으려면 끔찍할 정도로 매운 하바네라 고추를 매일 10개씩, 그것도 씨까지 통째로 먹어야 한다. 좀 더 대중적이지만 매운 건 마찬가지인 할라페뇨 고추를 기준으로 하면 1,500개 이상에 해당하는 양이다. 지금도 이에 관한 연구는 계속되고 있다. 암세포의 세포 자멸 기전을 다시 깨울 수 있다면 치료 가능성도 크게 열릴 것이기 때문이다.

세포 자멸과 관련한 또 한 가지 놀라운 정보가 있다. 세포 자멸을 통제하는 여러 유전자는 보통, 서로 가까운 종끼리 유사한데 인간은 그렇지 않다는 것이다. 침팬지 같은 다른 영장류와 비교해보면, 인간의 세포 자멸 유전자는 큰 차이가 있다. 무엇보다도 인간의 세포 자멸 유전자 활성도가 크게 떨어진다.

이런 사실은 인간의 뇌가 큰 이유도 같은 맥락일 수 있다는 주장이 나왔다. 침팬지보다 인체의 세포 자멸 활성도가 떨어지는 것이 우리가 체구에 비해 큰 뇌를 갖게 된 이유일 수도 있다. 앞서 태아의 뇌 형성 과정에서 여분 세포의 상당수가 세포 자멸로 제거된다고 설명했다. 그뿐 아니라, 세포 자멸 활성도가 인간의 수명이 긴 이유를 설명할 단서일지도 모른다. 세포 하나에서 일어나는 세포 자멸의 속도가 생물의 죽음과 직접 관련되지는 않겠지만, 이 세포 자멸 현상이 그저 별난 생물의 특성에 그치지 않는다는 것은 분명하다. 인간의 지능이 어떻게 진화해왔는지, 또 죽음은 어떻게 진행되는지를 알려줄 열쇠일 지도 모를 일이다.

세포 자멸은 동물계에서만 발견되는 현상이 아니다. 식물에도 비슷한 기전이 존재한다. 다만 식물에서는 세포 자멸 후에도 세포벽이 남는다. 식물의 내부 구조는 세포 자멸로 만들어지는 경우가 많다. 예를 들어 식물 내부로 물이 이동하는 물관부는 오래전에 죽은 세포들이 하나로 연결되어 만들어지며 세포 자멸로 형태가 갖추어진다.

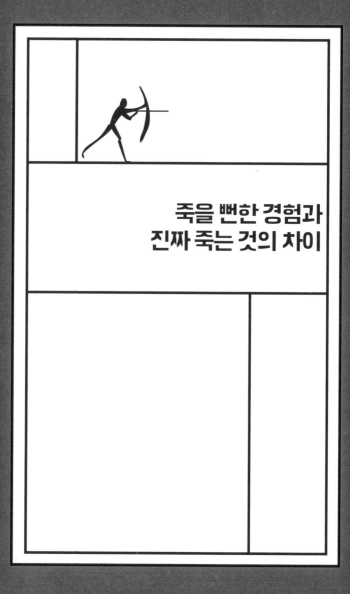

죽을 뻔한 경험과
진짜 죽는 것의 차이

사람들은 대부분 자신의 죽음에 대해 깊이 생각하지 않는다. 서구에서는 대화 중 죽음을 언급하는 것이 터부시되어, 입에 올리는 것조차 예의 없는 행동으로 여겨지는 경우가 많다. 그래서 죽는다는 것의 의미, 이 까다로운 문제를 진지하게 생각하지 않고 사는 사람들이 다수다. 맞다. 어떻게 보면, 죽음을 생각한다는 것이 어리석은 일일 수도 있다. 죽고 나면 끝이고, 되돌릴 수 없기 때문이다. 이는 분명 사실이지만, 우리가 살펴볼 중요한 문제는 생과 사의 경계를 어떻게, 어디에 그을 것인가다. 물론 생생하게 살아 있거나 완전히 숨이 끊어졌을 때는 이 경계가 명명백백하다. 그러나 숨이 턱밑에 붙어 있을 때, 또는 거의 죽음에 다다랐을 때와 같이 경계의 끄트머리에 이르는 사람들이 존재한다.

1628년 영국의 해부학자 윌리엄 하비William Harvey는 처음으로 혈액이 몸속에서 어떻게 순환하는지 정확하게 설명했다. 하지만 그의 책은 로마제국 시대 의사 갈레노스가 활동하던 때부터 확립되어 온 과학계의 신조를 거스르는 급진적인 내용이었으므로, 윌리엄 하비의 주장이 완전히 수용되기까지는 20년이 걸렸다.

이 책에서 하비는 최초로 죽음의 생물학적인 개념을 수립했다. 당시 의사들은 자신의 명성이 깎일까 봐 위독한 환자의 진료를 꺼리는 경우가 많았다. 당연하게도 의사의 생계는 죽은 자가 아닌 살아 있는 환자가 좌우했다. 의사는 자신의 환자가 산 사람인지, 죽은 사람인지를 정확하게 판단할 필요가 있었다. 이에 하비는 심장박동이 멈추고 혈액이 몸속에서 흐르지 않을 때, 인체는 죽음에 이르렀다는 비교적 간단한 정의를 내렸다(그의 책에는 이 간단한 개념에 이례적으로 긴 설명이 덧붙었다).

오늘날 '심혈관 사망'으로 불리는 이 개념은 환자가 죽음에 당도했는지를 의사 또는 간호사가 가벼운 테스트로 확인해볼 수 있도록 했다. 즉 맥박이 감지되면 산 것이고, 맥박이 느껴지지 않으면 죽은 것이었다. 물론 생사의 판단이 이렇게 간단할 리는 만무하다. 실제로 생리학적인 문제나 감염질환의 영향 등으로 맥박이 너무 희미해서 감지할 수 없는 경우가 많다. 하비가 활동하던 시기 이후 수 세기가 흐른 뒤, 이것(맥박으로 생사를 판단하는 것)이 큰 골칫거리가 되었다.

문제는 윌리엄 호스William Hawes라는 의사가 런던 템스강에 빠진 사람들을 대상으로 심폐소생술을 시도하면서 나타났다. 1773년 호스는 누구든 강물에 빠져 의식을 잃은 사람을 보거든 자신에게 데려오라고 알렸다(물론 보상도 빠지지 않았다). 그는 의식을 되살리고자 했다. 호스의 시도는 때때로 성공을 거두었다. 심장이 뛰지 않던 사람들, 즉 심혈관 사망의 특징이 나타난 사람들이 다시 살아난 것이다. 이러한 결과는 하비와 의학계의 생각과 달리 심혈관 사망이 완전한 죽음은 아니라는 사실을 방증했다.

19세기 동안 미국과 유럽에서는 죽음이 정확히 어느 시점에 당도하는지가 많은 이에게 중대한 문제였다. 맥이 잡히지 않는다고 죽음을 확정할 수 없다는 사실은 전보다 더욱 명확해졌다. 이런 사실 때문에 1800년대에는 혹시라도 죽은 것으로 잘못 진단되어(맥이 뛰지 않으므로) 산 채로 묻히는 일이 없도록 내부에 종과 산소호흡기, 통신 장비 등 각종 안전장치를 갖춘 관이 등장하는 사례가 급증했다. 이런 사태로 미루어 죽음이 많은 사람의 상상력을 자극하고 공포감을 안겨주었다는 점을 충분히 이해할 만하다. 미국의 위대한 소설가 에드거 앨런 포 Edgar Allan Poe는 5편의 단편 소설을 통해 이러한 문제를 제대로 보여주었다. 그중 한 편인 '성급한 매장'에서 주인공은 자신이 들어갈 관에 아주 정교한 안전장치를 마련한다.

그러나 19세기 말, 분위기는 달라지기 시작했다. 프랑스에서 태어나 런던에서 활동하던 생리학자 아우구스투스 월러Augustus Waller가 세계 최초로 심전도electrocardiography를 기록했기 때문이다. 줄여서 ECG라고도 불리는 심전도는 시간 흐름에 따른 심장의 전기적 활성 변화를 보여준다. 월러가 개발한 장치는 현대식 병원에서 보이는 최첨단 장비와 큰 차이가 있다. 월러의 심전도 측정기는 태엽 장치가 달린 장난감 기차가 사진판을 싣고 트랙을 따라 달리면서, 전류 측정 장치로 투사된 이미지를 기록하는 방식이었다. 이렇게 기록된 기차의 이동 경로가 바로 심전도였다. 기술이 발전함에 따라 장난감 기차는 다른 것으로 대체되었고, 의사들은 뇌를 비롯해 다른 곳의 전기적 변화도 측정할 수 있었다.

인체 뇌전도EEG는 1924년에 독일인 정신의학자 한스 베르거Hans Berger가 최초로 기록했다. 1940년대에 이르러 뇌전도는 비교적 자주 활용되는 검사법이 되었다. 의사가 뇌전도 장비로 어느 때든 뇌의 활성을 확인할 수 있게 되었고, 생명의 징후도 같은 방법으로 확인할 수 있었다. 이렇게 심혈관 사망을 보완하는 방법으로 뇌의 사망을 활용할 수 있다는 생각이 받아들여지고, 1968년 프랑스는 전 세계 최초로 뇌사의 법적 정의를 마련했다. 이에 의학계가 뇌사의 개념을 채택한 이유가 당시 갓 완성된 장기이식 기술을 적용할 만한 공여 장기 확보에 도움이 되기 때문이라는 음모론도 제기되었다. 심혈관 사망이 확정된 후 공여자의 인체 기관을 필요한 사람에게 제공하기에는 너무 늦은 경우가 많았고, 그때마다 적합한 장기를 찾던 의사들이 크게 좌절한다는 것이 음모론의 주된 내용이었다. 그렇기에 사망 선고를 받은 뒤에 의사가 환자의 몸에서 필요한 장기를 얻을 때까지, 실제로 환자의 인체는 살아 있는 상태가 될수 있도록 새로운 죽음의 정의를 지어냈다는 것이다.

음모론의 주장처럼 뇌는 사망하고 심혈관은 사망하지 않은 사람은 인공호흡기를 달고 정맥으로 영양분을 공급하면 생명을 유지할 수 있다. 또한 뇌전도와 장기이식 기술이 비슷한 시기에 개발된 것도 사실이다. 그러나 음모론이 대체로 주장하는 바와 달리, 2가지의 상관관계가 반드시 인과관계를 의미하는 것은 아니다. 과학의 이 두 분야, 뇌사의 개념과 장기이식 기술의 개발은 나란히 발전해서 훗날 서로를 보완하는 기술이 되었다.

이처럼 죽음을 2가지로 정의하게 되자(뇌전도 사망, 심혈관 사망), 많은 경우 생사의 구분이 명확해졌다. 그러나 불가피하게도 그 경계에 놓인 사례는 여전히 존재한다. 혼수상태의 환자, 또는 진정제 과용의 환자는 눈에 밝은 빛을 비췄을 때 나타나는 동공반사를 비롯한 의학적 반사가 전혀 나타나지 않는다. 그리고 뇌전도 검사에서도 음성이 나올 수 있다. 뇌는 사망했으나 인체의 다른 부분의 기능은 유지되는 상황에서 뇌사 판정을 내려야 하는지 선택하는 일은 의사에게 여전히 까다로운 숙제다.

  그렇다면 사람들 대부분이 실제로 죽음에 이르는 원인은 무엇일까? 간단히 말하면 항상성이 유지되지 않아 심혈관 사망에 이르는 것이라고 할 수 있다. 모든 동물, 특히 포유류의 몸 전체는 매우 촘촘하게 통제된 환경을 유지한다. 몸 중심의 체온은 37℃이고 정상적인 변동 범위는 0.5℃ 더 높거나 낮은 정도에 불과하다. 이 범위를 조금이라도 벗어나면 비정상 상태가 된다. 질병이나 인체 시스템 기능에 이상이 생기면 비정상 상태가 된다. 이러한 비정상 상태를 피하려고 인체는 체온뿐 아니라, 혈액의 압력과 산성도, 점도, 체내 산소와 이산화탄소의 농도, 그리고 구리, 철, 칼륨, 나트륨, 칼슘과 같은 무기질의 양을 엄격히 조절한다. 이 모든 조절 시스템이 항상성을 유지할 수 있을 때, 비로소 우리 몸은 적절한 기능을 수행하는 화학적 특성이 유지된다.
  수백만 년에 걸쳐 일어난 진화 때문에 우리 몸속에서 이루어지는 모든 화학적 반응 기전은 매우 특수한 환경에서 이루어진다. 이 환경에서 벗어나면 생화학적인 기능이 전부 중단되거나 효율성이 뚝 떨어져 제대로 기능하지 못한다. 하지만 사망 진단서에 '항상성 유지 실패'가 기록될 일은 절대로 없을 것이다. 현재 선진국의 사망 진단서에 가장 많이 기재되는 사인은 심장질환과 뇌졸중이기 때문이다. 이 2가지 질환은 각각 심장과 뇌에 혈류가 제대로 흐르지 못하는 게 원인이다. 혈류가 흐르지 못하면 그 부위에 산소 농도가 떨어진다. 정상 상태에서는 항상성 유지의 틀에서 세심하게 조절될 수 있다. 그러나 산소가 부족해서 조직이 괴사하면 곧장 심혈관 사망이나 뇌사로 이어진다.

한편 개발도상국에서는 감염질환으로 인한 사망자의 비율이 높다. 그중에서도 말라리아와 콜레라 같은 질병의 영향력이 가장 크다. 말라리아의 경우 감염원이 혈액 세포 내부에 숨어서 기생하는 단세포 생물이다. 이 병원체가 수많은 혈구를 파괴하여 결국 환자는 빈혈로 사망한다. 실질적인 사망 원인이 산소 부족인 것이다. 반면 콜레라는 극심한 설사 증상이 나타나 탈수와 혈액 점도의 증가로 사망에 이른다. 암도 체내 환경이 일정하게 유지되지 못하고 이로 인해 특정 기관이 주어진 기능을 하지 못하는 것이 궁극적인 사망 원인이다.

벤저민 프랭클린Benjamin Franklin과 마크 트웨인Mark Twain, 대니얼 디포Daniel Defoe, 크리스토퍼 벌록Christopher Bullock의 말처럼 이 세상에 죽음과 세금 외에 확신할 수 있는 것은 아무 것도 없다. 나중에야 알 수 없는 이유로, 혹은 예측하지 못한 원인으로 죽음을 맞이할 수 있다는 생각이 들기도 한다. 하지만 항상성이 유지되지 않으면 반드시 죽음에 이른다는 점에서 이들의 말에 일리가 있다.

제임스 러브록James Lovelock이 1972년에 제시한 '가이아 이론'은 항상성의 개념을 지구 생태계에 적용한 것이다. 이 이론에 따르면, 생태계의 각 부분이 상호작용하여 생물이 살기에 적합한 환경을 만든다. 인간의 영향은 가이아 이론을 무너뜨리는 요소가 될 수 있다. 외부에서 주어진 힘이 건강한 생명을 무너뜨릴 수 있는 것과 동일하다.

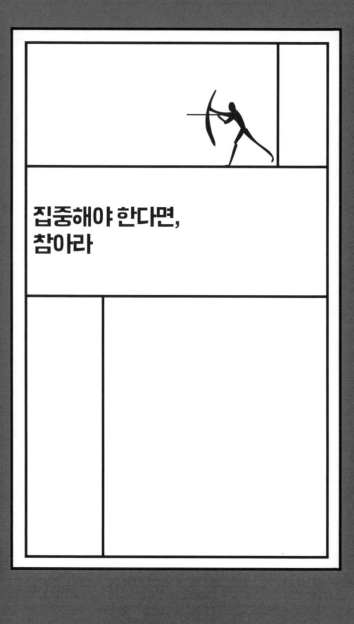

집중해야 한다면,
참아라

2011년 12월 8일 저녁, 당시 27명이던 유럽연합 회원국 대표자들이 브뤼셀의 만찬장에 모였다. 이날의 저녁 식사는 금융기관이 체감하던 여러 문제, 특히 2002년에 유럽 단일 통화로 유로를 도입한 회원국에서 느끼는 고민을 논하기 위한 정상회담의 첫 순서였다. 그리고 2020년 영국은 브렉시트라는 돌발적 절차를 밟으며 유럽연합에서 떨어져 나왔다.

되짚어보면 2011년 12월에 빚어진 갈등은 브렉시트가 야기한 혼란에 비하면 시시할 정도지만, 그때는 아주 큰 뉴스였다. 당시 영국 총리였던 데이비드 캐머런David Cameron이 그날 제시된 안건을 협상하는 자리에서 거부권이라는 최종 무기를 꺼내 들었기 때문이다. 앞으로 다가올 사태를 예고한 듯한 행보였다.

캐머런 총리는 이 선택이 영국과 당시 정치적 상황에 꼭 필요하다는 생각에 회의에 참석했다. 이 게임에서 영국이 가장 우위에 있다는 사실을 확실히 하기 위해, 캐머런은 자신이 총리의 자리까지 오를 수 있던 개인적인 성공의 전략을 이날도 써먹기로 마음먹었다. 그것은 바로 배뇨를 자제하는 전략이다.

배뇨란 소변보는 것을 뜻하는, 쓸데없이 모호한 과학 용어다. 한마디로 캐머런 총리는 화장실에 다녀와야 할 때도 그러지 않았다. 소변을 꾹 참고 그 불편한 상태를 견디면, 집중력이 높아져 협상 능력이 향상된다고 믿었기 때문이다.

그가 전에도 활용했던 적이 있는 이 전략은 2007년 보수당 협의회에서 특히 빛을 발했다. 뒤처지는 당에 활력을 불어넣고 유권자들의 관심을 집중시킬 만한 강력한 한 방이 필요한 시점이었다. 나중에 제작된 다큐멘터리에 따르면, 캐머런은 치밀하게 준비한 연설을 전부 외워서 프롬프터(화면에 원고를 띄워주는 장치)의 도움 없이 사람들 앞에서 선다는 대담한 결단을 내렸다. 성공한다면 연설에 힘이 실리고 영향력도 과시할 수 있는 방법이었다. 이와 더불어 캐머런은 배뇨 회피 전략을 활용했다. 연설을 마칠 때까지 소변을 참기로 한 것이다. 결과는 대성공이었다. 캐머런의 연설은 좋은 평가를 받았고, 보수당은 지지율이 상승했다. 2011년 유럽연합 정상회담에서 같은 전략을 고수한 이유도 이런 성공적인 경험에서 비롯된 것처럼 보인다. 하지만 이 전략은 캐머런이 처음 만들어낸 것이 아니었다.

　끈질긴 기자들이 파고들어 캐낸 결과에 따르면, 캐머런은 10년 전에 처음 이 전략을 알게 되었다고 한다. 보수당의 가장 유명한 연설가(큰 논란의 중심이 되는)이자 인종차별주의를 노골적으로 드러내며 '피의 강물' 연설로 악명이 높은 이녹 파월 Enoch Powell은 연설 전략에 대한 질문에 이렇게 답했다. "중대한 연설을 할 때 긴장을 조금이라도 낮추는 것은 절대 하지 말아야 한다. 긴장을 높이는 방법을 찾아야 한다." 배뇨를 피하고 방광이 소변으로 가득 찬 상태로 연설하는 것은 파월이 밝힌 전략 중 하나였다. 이쯤 되니 화장실에 다녀오지 않는 것이 연설 능력을 향상시키는 '검증된' 기술이라는 생각이 들 만도 하다. 그렇다면 소변 참기는 정말 과학적으로 근거가 있는 방법일까?

실제로 이 희한한 현상을 연구한 사례가 적지만 존재한다. 심지어 초창기 이 연구에 뛰어든 사람들은 노벨상도 탔다. 정확히 말하자면 '이그노벨상'이지만 말이다. 1991년부터 시작된 이그노벨상은 미국 하버드 대학교의 유머 과학잡지인 〈애널스 오브 임프로버블 리서치Annals of Improbable Research〉(기발한 연구 연감이라는 뜻 - 옮긴이)에서 노벨상을 풍자하여 매년 들으면 웃음이 터지지만 한 번쯤 생각하게 되는 과학 연구에 수여하는 상이다. 이그노벨상의 최근 수상작 중에는 신장에 생긴 결석이 좀 더 빨리 움직이도록 롤러코스터를 활용하는 법, 침의 세정 효과, 못살게 구는 직장상사에게 부두교 저주인형을 보복 수단으로 활용하는 법에 관한 연구결과가 포함되었다.

2011년, 이그노벨상 의학부문에서 네덜란드와 호주 멜버른에서 활동하는 두 연구진이 공동 수상했다. 둘 다 집중력이 필요한 여러 과제를 수행하는 동안 화장실에 가고 싶어도 참을 때 어떤 효과가 생기는지를 조사했다. 이미 생물학적으로 밝혀진 사실은 신장이 기능하면, 즉 노폐물로 형성된 소변을 제거하여 몸에 필요하지 않은 염과 여분의 체액을 제거하면 다시 소변이 만들어지고 방광에 저장된다는 것이다. 그렇게 방광에 채워진 소변이 약 400mL에 이르면 우리는 화장실에 가고 싶어진다. 참 다행히도 우리는 나이를 먹을수록 방광을 얼른 비워내고 싶더라도 참는 능력을 습득한다. 그렇게 화장실에 가는 시점과 소변을 비우는 장소를 스스로 선택하게 되는 것이다. 방광은 소변이 마려운 느낌을 유발하는 양보다 2배쯤 많은 양도 어렵지 않게 저장할 수 있다. 아침에 일어났을 때 방광에 찬 소변의 양은 1L에 가깝다!

일단, 소변의 양이 임계점인 400mL에 달하면 우리는 약간 간질간질한 정도의 감각을 느낀다. 그리고 이 감각을 무시하기로 선택하면, 소변은 계속 축적되고 방광은 더 많은 액체를 담아두도록 늘어난다. 이때 방광이 늘어나는 것을 감지하는 수용체는 이런 상황을 뇌에 통증으로 보고한다.

소변을 봐야 하는데 계속 참다가 통증이 극대화되면 결국은 힘이 빠지고 의도치 않게 소변이 방출된다. 방광을 더는 마음대로 통제할 수 없게 되는 것이다. 실제로 이런 상황까지 가는 경우는 드물지만, 지나치게 반복적으로 오랫동안 소변을 참는 것은 현명하지 않다. 소변이 체내에 보관되는 시간이 길수록 세균이 증식하는 시간도 늘어나므로 요로감염이 발생할 수 있기 때문이다.

2011년에 이그노벨상을 수상한 두 연구진 중 호주 연구진은 8명에게 오줌이 마려운 느낌이 강하게, 또는 다급하게 올 때까지 25분 간격으로 물을 250mL씩 마시도록 했다. 그리고 참가자들이 그런 상태가 되었다고 이야기하면 인지기능 검사를 하여 소변을 보고 싶은 긴박감이 검사에 어떤 영향을 주는지 살펴보았다. 연구결과, 소변이 마려운 긴박감이 통증을 느끼는 수준에 이를 때까지는 주어진 과제 수행 능력에서 아무런 영향이 나타나지 않았다. 그러다 통증을 느끼는 수준에 이르면 수행 능력이 대폭 감소하고, 소변을 보고 나면 (예상대로) 수행 능력도 다시 돌아왔다.

그러나 네덜란드의 미르얌 툭Mirjam Tuk이라는 학자는 소변이 마려우면 몇 가지 과제의 수행 능력이 향상된다는 정반대되는 결과를 내놓았다. 툭은 해당 연구를 참가자들에게 물맛을 테스트하는 실험이라고 설명한 뒤, 참가자 절반에게는 물 700mL를 여러 번 나누어 컵에 따라 마시도록 하고, 나머지 절반에게는 물을 몇 모금만 마시도록 했다. 그리고 40분간 가만히 기다리도록 했다. 40분은 물이 체내에 흡수되고 신장이 여분의 체액을 처리하는 데 걸리는 시간이다. 40분 후에 참가자들에게는 몇 가지 선택권이 주어졌다. 실험에 참여한 것에 대한 금전적인 보상을 제공할 예정인데, 바로 다음 날 20유로를 받을 것인지, 1달 뒤에 이 금액의 2배를 받을 것인지 선택하도록 했다. 그런 다음 혼란스러워하는 참가자들에게 지금 화장실에 가고 싶은 마음이 어느 정도로 절실한지를 물어보았다. 1부터 7까지 정해진 소변 긴박감 척도에서 물을 많이 마신 참가자들은 평균 4.5점이 나왔고, 물을 몇 모금밖에 안 마신 사람들은 화장실에 꼭 가고 싶지는 않은 것으로 나타났다.

그런데 중요한 것은 소변 긴박감과 이들이 돈을 다음 날에 받을 것인지 아니면 나중에 더 큰 돈을 받을 것인지를 선택한 결과가 상관관계를 보인다는 점이다. 방광이 가득 찬 사람들은 1달 뒤에 더 많은 돈을 받겠다고 택한 경우가 많았다. 최소한, 이 실험에서는 소변 긴박감을 참았을 때, 단기간에 얻을 수 있는 만족감을 참았다가 더 큰 보상을 받을 줄 아는 능력이 향상되었다는 결과가 나타났다.

이는 자아 고갈의 원리와 어긋난다는 점에서 다소 놀라운 결과다. 자아 고갈 이론에서는 어떤 경우든 개인의 자제력은 한정되어 있다. 따라서 특정 상황에서 자제력을 다 써버리면 자제력이 필요한 다른 상황에서는 참지 못할 가능성이 크다. 만약 툭의 실험에 이 이론이 적용되었다면, 참가자 중 소변 긴박감이 높은 사람들은 금전적 보상을 다음 날 바로 받는 쪽을 택했어야 한다. 따라서 툭은 정반대로 도출된 자신의 연구결과를 '억제 과잉'이라는 새로운 이론으로 설명했다.

툭은 참가자들에게는 2가지 자제력이 동시에 생겼으며, 화장실에 가고 싶어도 참는 패턴이 먼저 형성된 후 이 억제력이 돈을 더 많이 받기 위해 더 오래 기다리는 능력에 도움이 되었다고 설명했다. 툭의 연구결과는 언뜻 보면 이그노벨상을 함께 수상한 호주 연구진의 결과와 상반된 것 같지만, 사실 두 결과는 상호보완적이다. 호주의 연구에서 부정적인 영향이 나타난 것은 소변이 극도로 급한 상황일 때뿐이었다. 다시 말해, 화장실에 가고 싶은 욕구를 참으면 자제력이 증가하는 반면, 그 욕구가 너무 강력해지면 효과는 사라지는 것으로 보인다.

다소 시시한 결과라고 생각할 수 있다. 그러나 추가로 진행된 여러 연구에서 '억제 과잉 이론'이 재차 증명되었다. 캘리포니아 주립대학교 연구진은 방광이 가득 찬 상태에서 사람들이 거짓말을 얼마나 잘하는지 조사했다. 연구진은 21명의 학생을 대상으로 사회적, 윤리적 논란이 되는 다양한 이슈를 제시하고 솔직한 생각을 밝히도록 했다. 이어 패널 앞에서 그중 2가지 문제에 관해서는 실제 기분이나 생각과 다른 이야기를 하도록 했다.

이때 참가한 학생 중 절반에게는 패널과 인터뷰하기 45분 전에 물 700mL를 마시도록 하고(A), 나머지 절반은 50mL를 마시도록 했다(B). 인터뷰 결과, A집단이 B집단보다 더 긴 시간 동안 더욱 유창하고 설득력 있게 거짓말을 했고, 거짓말에 대한 질문에도 듣는 사람이 진짜라고 믿을 법한 반응을 보였다.

이러한 결과와 앞서 소개한 이그노벨상 수상 연구 2건을 종합하면, 억제 과잉이 자제력뿐만 아니라 복잡한 생각을 처리하는 능력을 높인다는 추론이 가능하다. 거짓말을 잘하는 것은 뇌에 큰 인지 부하가 발생하는 매우 까다로운 과제이고 소변을 참으면 정신 집중에 도움이 될 가능성이 있다(거짓말에 관해서는 244쪽에서 더 자세히 알아보겠다).

툭은 런던 임페리얼 칼리지로 거취를 옮긴 후에도 자아 결핍과 억제 과잉이 서로 어떤 영향을 주는지에 관한 연구를 이어가고 있다. 최근에는 영화를 1편 보여주고 짤막한 인터뷰 질문이 포함된 실험을 진행했다. 참가자들은 자신들이 본 영화에 관한 연구일 것으로 생각했지만, 총 두 집단으로 진행된 이 연구에서 참가자들이 눈치채지 못한 진짜 주제는 테이블 위에 놓여 있던 감자칩과 관련이 있다.

참가자 중 절반은 영화를 보는 동안 감정을 억제하라는 지시가 주어졌고(A), 나머지 절반은 아무런 지시도 받지 않았다(B). A집단의 참가자들은 억제 과잉이 나타나 감자칩을 먹지 않았고, 영화 감상이 끝난 후에서야 인터뷰를 하는 동안 더 많이 집어 먹는 경향이 나타났다. 그러나 이 연구에서는 실험 전에 물을 마시도록 하지는 않았으므로, 안타깝지만 감자칩을 먹지 않고 참은 것이 소변 긴박감과 관련이 있었는지는 알아낼 길이 없다.

그러므로 이녹 파월의 조언을 받아들인 데이비드 캐머런이 2011년 유럽연합 대표단과 중대한 경제 협상을 벌이는 동안 방광이 가득 찬 상태를 유지한 것은 과학적으로 근거 있는 시도였다. 얼른 화장실에 다녀오지 않고 자제력을 발휘한 결과, 억제 효과가 나타난 것이다. 당시의 협상 결과를 보면 다른 정상과의 까다로운 상호관계에 우월하게 대처하고 그가 가진 협상력이 최고조에 이른 것을 추정할 수 있다. 관련 연구대로라면 거짓말도 더 술술 했을 것으로 생각할 수 있지만….

나의 경험을 덧붙이자면, 평소에 나는 집필할 때 차를 연이어 여러 잔 마신 다음 오후 느지막하게 글쓰기를 시작해서 이만하면 충분히 썼다 싶을 때까지 작업을 이어간다. 그래서 항상 방광이 가득 찬 상태로 글을 쓴다. 억제 과잉의 유익한 효과, 즉 집중력을 강화하기 위한 전략이라고 할 수 있다. 하지만 호주 연구진이 밝힌 것처럼 절박한 상태에 이르러 오히려 악영향이 발생할 때까지 참지는 말아야 한다. 과도하게 참았다가 화장실에 달려가는 것은 무리라는 교훈을 잊지 말자.

BEING
VIRTUALLY
HUMAN

가상공간에서
인간으로 살기

3

불쾌한 계곡과
인간에 근접한 존재

2016년 말에 공개된 스타워즈 시리즈 '로그 원Rogue One'에는 영화배우 캐리 피셔Carrie Fisher의 모습을 한 레아 공주가 등장한다. 영화 내용을 이야기할 생각은 없으니 염려하지 않아도 된다. 여기서 중요한 건 영화에 나온 레아 공주가 캐리 피셔는 아니었다는 것이다. 설명하기 복잡한 여러 이유가 있지만, 아직 이 영화를 보지 않은 사람들에게 스포일러가 되지 않는 선에서 간단히 정리하자면, '로그 원'에 나온 레아 공주는 1977년 스타워즈에 나온 모습 그대로였다. 제작진은 첨단 디지털 기술을 활용하여 예전 영화 속 레아 공주의 얼굴을 사진에서 추출한 후 살아 움직이는 존재처럼 만들었다.

나는 이 영화를 보고 기이한 느낌을 받았다. 우선 내가 영화관을 찾아갔던 날보다 하루 앞서서 캐리 피셔가 세상을 떠났다는 소식을 접했기에 적잖이 혼란스러운 심정이었다. 이와 함께, 눈앞에 보이는 것을 내가 믿지 않고 있다는 사실을 깨달았다. 영화를 보면서 나는 스크린에 나온 레아 공주는 캐리 피셔가 아니며 컴퓨터로 만든 이미지라는 것을 알아챘다. 그리고 바로 그 점이 거슬렸다. 어딘가 이상하고 불편하게 느껴졌다. 외계에서 온 온갖 미치광이들과 우주선이 펑펑 터지는 장면에서도 이런 기분은 들지 않았다. 레아 공주의 모습으로 움직이는 젊은 캐리 피셔를 닮은 존재는, 일본어로 '부키미 노타니 겐쇼' 번역하면 '기분 나쁜 골짜기 현상'으로 불리는 상황의 예시다. 현재는 이 현상을 '불쾌한 계곡'이라 부른다.

1970년에 일본의 마사히로 모리 교수가 제안한 이 아이디어에 '불쾌한 계곡uncanny valley'이라는 영어식 명칭이 붙여진 때는 1978년이다. 이 이론은 인간이 다른 인간을 볼 때, 또는 다른 인간이 나온 사진을 보고도 공감할 수 있다는 관찰 결과에서 비롯됐다. 나아가 사람의 이미지가 그 사람의 진짜 모습과 비슷할수록 더욱 쉽게 공감하며 특히 얼굴 이미지에서 그러한 반응이 나타난다는 사실도 밝혀졌다.

동그란 얼굴에 눈을 나타내는 점 2개와 코를 나타내는 점 1개, 싱긋 웃는 입 모양 곡선이 그려진 웃는 얼굴의 간단한 이모티콘은 그리 큰 감정을 전달하지 못한다. 하지만 현재 내가 쓰는 휴대전화에 있는 것처럼 음영도 있고 피부색과 치아, 심지어 동공과 눈썹까지 구분된 웃는 얼굴의 이모티콘을 쓰면 더 많은 감정을 전달할 수 있다. 얼굴이 실제 사람과 비슷해질수록 감

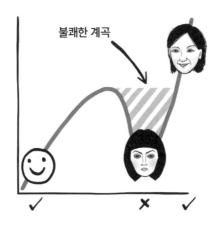

불쾌한 계곡

정 전달의 효과도 더욱 커진다는 것이다. 그러니 발전이 거듭
되어 얼굴을 나타낸 이미지가 진짜 사람의 사진과 더욱 근접할
수록 보는 사람이 더 크게 공감하게 되리라. 그러나 모리 교수
는 실제와 매우 근접하지만 완벽하게 똑같지는 않을 때, 공감
이 감정이 급격하게 떨어지며 기이함, 심지어 혐오감을 느끼게
된다는 사실을 깨달았다.

　등장인물을 실제 사람처럼 보이게 하려고 애쓴 흔적이 역력
한, 초기 애니메이션 영화 중 이러한 문제가 아주 잘 드러나는
예를 찾을 수 있다. 2004년에 개봉된 어린이 영화 '폴라 익스
프레스'에는 컴퓨터 애니메이션으로 만들어진 캐릭터가 미국

의 영화배우 톰 행크스Tom Hanks의 음성으로 이야기한다. 영화 속 인물들은 만화가 아닌 최대한 실제 사람처럼 느껴지게끔 만들어졌다. 그러나 이 영화는 그리 좋은 평가를 받지 못했다. 한 관객은 "좋게 이야기하면 당황스러웠고, 나쁘게 이야기하자면 좀 무서울 지경이었다."라고 말했다. 컴퓨터 애니메이션 자체는 최신 기술이었고 가능한 한 최선을 다한 결과물이었다. 문제는 너무 실감이 나서 불쾌한 계곡의 영역에 들어간 것이었다.

불쾌한 계곡에 해당하는 컴퓨터 애니메이션을 보면, 정확히 뭐가 문제라고 콕 집어 말하기 어려울 때가 있다. 분명한 이유가 하나도 없을 수도 있다. 질감과 표현이 아무리 섬세해도 인간은 그 속에서 진짜가 아닌 부분을 집어내는 능력이 있는 것 같다. 하지만 무엇보다 인류는 이러한 문제(진짜가 아닌 부분을 감지하는)에 대처하도록 진화하지는 않은 것으로 보인다. 이와 관련된 흥미로운 이론도 제기되었다.

인간의 뇌가 '무더기 역설'로 알려진 이론과 같은 혼란에 빠지면서 불쾌하고 기이함을 느끼는 반응이 나타난다는 견해가 있다. 불쾌한 계곡은 뇌가 '인간의 얼굴을 더는 인간의 얼굴이 아니라고 인지하게 되는 지점은 어디인가?'라는 의문에 답을 찾으려고 애쓰면서 나타나는 반응이라고 정리할 수 있다. 즉 이 해석에 따르면, 우리의 뇌가 인간이 아니라는 사실을 겨우 감지하게 되는 무언가를 보면 혼란에 빠진다는 것이다.

우리는 얼굴을 굉장히 잘 알아본다. 이것은 타고난 능력이며 아기는 태어날 때부터 사람의 얼굴을 인식한다. 그러나 얼굴이 조금만 이상해져도 우리의 머릿속에서는 '인지부조화'가 일어난다. 뇌는 눈에 보이는 것을 정해진 틀 안에 넣으려고 노력한다. '이건 얼굴인가? 얼굴인 척하는 다른 존재인가?'

하지만 뇌는 쉽사리 결단을 내리지 못하고, 어떤 틀에도 넣을 수 없는 것과 마주쳤다는 오싹한 기분을 느낀다. 누가 봐도 만화 캐릭터의 얼굴이거나, 진짜 사람의 사진은 그것을 어떤 틀에 넣으면 되는지 금방 결정할 수 있으므로 이러한 문제의 여지가 없다.

불쾌한 계곡의 영역에 있는 애니메이션을 보면 혐오감을 느끼는 이유를 설명하는 또 다른 이론이 있다. 인간이 얼굴을 인식하는 능력과 함께 병을 일으키는 것에 반감을 느끼는 능력도 타고난다는 내용이다. 우리가 상한 고기나 썩은 음식을 역겹다고 느끼는 이유도 이런 능력 때문이다. 일단 우리에게 병을 일으키는 대상이 인지되면, 내면 깊은 곳에서부터 피하고 싶은 마음이 솟구친다. 진화의 관점에서는 병을 일으키는 것을 피한다는 점에서 유익한 기능으로 볼 수 있다. 같은 맥락에서 불쾌한 계곡에 속한 얼굴을 보면, 우리의 뇌는 이상한 점을 감지하고 경고음을 울린다. 무의식적으로 병을 일으키거나 해가 되는 것을 깨닫고, 그 느낌이 혐오감으로 증폭된다.

불쾌한 계곡의 개념은 미래 기술에 큰 영향을 줄 수 있다. 인간은 불쾌한 계곡의 영역에 포함되지 않는, 정말로 진짜 같은 애니메이션이나 로봇을 만들어낼 수 있을까? 이는 미디어 분야에 종사하는 제작자나 게임을 좋아하는 사람들에게만 국한되는 문제가 아니다. 컴퓨터 애니메이션, 그중에서도 컴퓨터로 만든 3D 가상 애니메이션은 의학을 비롯한 여러 새로운 분야에서도 활용되고 있다. 실제로 완전 몰입형 가상현실 시뮬레이션이 외상 후 스트레스 장애 치료에 사용되고 있으며, 양쪽 다리가 마비된 환자가 근육 통제기능을 되찾을 수 있도록 돕는 목적으로도 활용된다. 심지어 화상 환자의 통증 완화에도 쓰인다.

문제는 애니메이션이 불쾌한 골짜기에 들어가면 환자에게 도움이 되기보다 치료에 방해가 된다는 사실이다. 볼튼 대학교의 앤젤라 틴웰Angela Tinwell 박사는 우리가 이 계곡을 기어 올라가서 벗어날 일은 결코 없을 것이며, 불쾌한 계곡은 벗어날 수 없는 영역이라는 견해를 밝혔다. 이것이 사실이라면, 우리에게 남은 유일한 해결책은 뒤로 물러나서 다른 쪽으로 계곡을 빠져나오는 것이다. 즉 사람이 아님을 한눈에 알아볼 수 있는 로봇과 애니메이션을 만들면 최소한 혐오감을 느끼지는 않을 것이다.

불쾌한 계곡의 기본 개념은 모리 교수가 언급한 1970년보다 훨씬 더 이전으로 거슬러 올라간다. 1839년에 나온 찰스 다윈의 《비글호 항해기》를 보면 남아메리카에서 발견한 살무사를 '기이하게 못생겼다'라고 묘사한 글이 나온다. 그는 살무사의 얼굴에서 사람의 얼굴과 꼭 닮은 특징이 나타나 '흉측하다'는 인상을 받았다고 전했다.

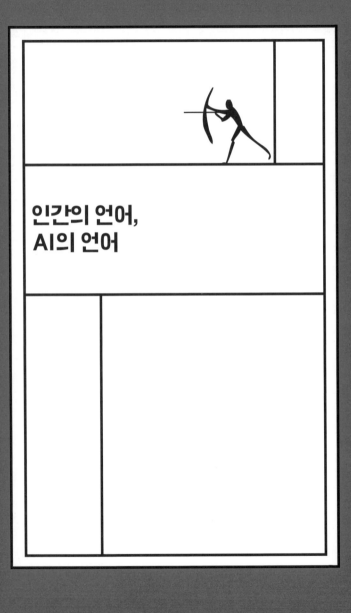

인간의 언어,
AI의 언어

인간을 인간답게 하는 것, 다른 모든 동물과 비교할 때 인간을 특별한 존재로 만드는 것은 무엇일까? 기본적인 생물학적 수준에서는 그런 요소가 될 만한 것이 전혀 없다. 원자로 이루어진 분자, 그 분자로 구성된 세포로 이루어진 존재, 그리고 맹목적으로 진행되는 진화의 산물이라는 점에서 인간은 다른 유기체와 완전히 동일하다. 그러나 호모 사피엔스가 다른 어떤 생물종보다 잘하는 것, 다른 생물들과는 분명한 차이가 있는 것이 있다.

가장 먼저 의사소통 능력이다. '돌고래도 휘파람 소리나 다른 소리로 서로 대화를 나누지 않는가?'라거나 '벌들도 몸 끝을 실룩샐룩 움직이며 복잡한 춤을 추고, 함께 협력하고 여왕벌에게서 나온 화학적인 메시지를 서로 전달하지 않는가?'라고 반문하는 사람도 있을 것이다. 너그러운 마음으로 다른 동물이 활용하는 방법까지 모두 포함하여 의사소통 범위를 확장한다더라도, 인간의 의사소통 능력이 이들에 비하면 최고의 경지라는 사실은 변함이 없다.

　다른 사람과 메시지를 주고받는 인간의 소통 능력의 핵심은 말과 언어 능력의 진화다. 호모 사피엔스가 맨 처음, 말을 어떻게 습득했는지는 의견이 분분하다. 하지만 크게 2가지로 나눌 수는 있다. 하나는 원시 인류부터 순차적으로 점점 더 복잡한 의사소통 기술이 발전했다는 것이다. 우리 역시 처음에는 그저 으르렁대는 소리와 몸짓으로 소통하다가, 다양한 으르렁 소리가 말이 되고 거기에 문법이 생겨나서 그 말을 더 큰 맥락에서 사용하고, 이로써 훨씬 복잡한 생각도 전하게 되었다고 본다. 연속성을 바탕으로 한, 이 이론은 캐나다 출신 미국 심리학자 스티븐 핑커를 비롯한 언어학자들이 현재 가장 많이 지지하는 내용이다.

　반면 미국의 저명한 언어학자 노암 촘스키Noam Chomsky가 지지하는 다른 이론은 불연속성이 특징이다. 촘스키는 1960년 대부터 유아와 어린아이들이 언어와 문법을 본능적으로 안다는 추정에 주목하고, 언어는 유전적으로 인간에게 내재한 기능이라는 주장을 펼쳤다. 촘스키의 주장이 사실이라면, 언어는 점진적인 연속 과정을 거쳐 발달한 것이 아니라 비교적 단시간에 훌쩍 생겨난 것이라는 의미가 된다.

　이 2가지 이론 중에 어느 쪽이 사실이든 인간의 언어는 문화를 만들고 자기 생각을 다른 이에게 전하는 소통 능력의 중심을 이루며, 이 2가지 능력을 토대로 현재와 같은 수준의 기술을 발전시킨다. 그리고 한발 더 나아가 이제는 기술의 고유한 언어가 생기는 단계에 들어섰다.

2016년 11월, 실리콘밸리에 자리한 구글의 컴퓨터공학자들이 온라인 서비스 중 하나인 구글 번역의 새로운 인공지능 시스템에서 일어난 이상한 일을 보고했다. 이전까지 구글 번역 서비스는 '예제 기반 기계번역EBMT, example-based machine traslation' 시스템을 활용했다. 이는 각기 다른 언어로 쓰인 많은 양의 텍스트에서 서로 상응하는 단어와 구를 분리하고, 번역이 필요한 새로운 텍스트가 제시되면 구글의 전문 기술인 빠른 검색 기능으로 미리 저장되어 있던 번역 텍스트를 훑어 일치하는 부분을 찾아내는 기술이다. 즉 동일한 단어나 구를 발견하면 추출하고, 새로 제시된 텍스트에 맞게 조합한다. 이 시스템은 번역이 필요한 출발 언어의 특징을 고려하지 않으므로 아주 세밀하지는 않지만, 꽤 괜찮은 결과를 낼 수 있었다.

그러다 구글은 2016년 9월, 일부 번역 서비스에 새로운 아이디어를 추가했다. '인공신경망 기반 기계 번역NMT, neural machine translation', 또는 사람들이 인공지능이라 부르는 기술을 영어, 한국어 그리고 영어와 일본어 번역 시스템에 적용한 것이다. 이 인공지능 기술은 일본어를 영어로(혹은 그 반대) 그리고 한국어와 영어의 상호 번역이 만족스럽게 나올 때까지 번역된 텍스트를 수없이 반복하여 입력하는 방식으로 훈련해온 결과물이었다.

나도 안다. 여기까지는 그리 혁신적이라 할 만한 부분이 없다. 구버전인 예제 기반 기계번역에서도 이미 103개의 언어와 영어의 상호 번역이 가능하도록 같은 과정을 거쳤기 때문이다. 단, 가령 프랑스어를 독일로 번역하려면 먼저 프랑스어를 영어로 바꾼 다음 다시 그 영어를 독일어로 바꾸는 중역, 즉 공통어가 영어로 고정된다는 점이 문제였다. 그리고 이러한 문제는 구글이 새로 도입한 인공지능 번역 기술에서 희한한 일이 벌어지도록 만들었다.

컴퓨터공학자들은 인공신경망 기반 기계번역 기술에서 영어와 한국어, 그리고 영어와 일본어 번역을 진행하던 중 영어를 거치지 않고 한국어를 바로 일본어로 번역하는 까다로운 과제를 시도해보았다. 그러자 인공지능은 그럴싸한 번역을 내놓았다. 예제 기반 기계번역에서 나온 결과보다 낮은 수준의 번역이었지만, 중요한 것은 인공지능 시스템이 이런 식의 번역을 학습한 적이 한 번도 없다는 사실이었다. 인공지능은 사람이 개입하지 않아도 이 과제를 어떻게 해내야 하는지 스스로 방법을 찾아냈다.

그들의 새로운 인공지능이 프로그래밍된 수준을 뛰어넘었으니, 구글 관계자는 분명 뛸 듯이 기뻐했으리라. 그러나 어떻게 이런 일이 가능했는지 구글에서 파악한 결과는 놀라웠다. 인공지능 시스템은 한 번 가동되면 그 안에서 무슨 일이 벌어지는지 프로그램을 개발한 당사자도 더는 알 수가 없어진다. 인공신경망 기계번역의 경우도 스스로를 프로그래밍하기 시작하면서 개발자들을 저 뒤에 남겨놓은 것으로 드러났다.

구글의 개발자들은 컴퓨터 코드를 샅샅이 훑어보았고, 그 결과 인공신경망 기계번역 시스템의 신경 네트워크가 각기 다른 두 언어에서 비슷한 개념을 스스로 알아냈다는 것을 밝혀냈다. 해당 시스템이 두 언어를 유사한 개념끼리 묶은 뒤, 고유한 방식의 분류를 만든 것이다. 연구진은 인공신경망 기계번역 시스템이 일종의 '인공국제어interlingua'를 만들어냈다고 설명했다. 이전에 개발된 알고리즘은 프로그래밍을 통해 정해진 대로 영어를 거쳐 번역을 완수했지만, 새로운 시스템은 이 인공언어를 활용하여 영어를 거치지 않고 한국어를 일본어로 곧장 번역했다.

이러한 사실이 발표되자 일각에서는 구글의 알고리즘이 오직 그 시스템만 사용할 수 있는, 새로운 언어를 스스로 만들어 냈다며 환호했다. 한편 구글의 인공지능이 한 일은 언어를 만든 게 아니라, 자체의 기준으로 의미를 분류한 것뿐이라고 반박하는 의견도 있었다.

이러한 논쟁은 의미론적인 특징을 가져 흥미롭다. 컴퓨터의 새로운 인공어에는 문법, 구문 같은 언어적 특징이 별로 없다. 언어와 같은 기능을 하지만 어쨌든 인공지능이 이용하는 언어이고, 우리가 쓰는 언어와는 이질적 부분이 존재하기 때문이다. 그러나 어떤 측면에서는 이 인공국제어는 우리가 어떤 개념을 머릿속 단어와 연결 지을 때 일어나리라 추정하는 과정보다 언어의 본질에 더 가까운 기능을 수행한다고 볼 수 있다. 여러 언어를 유창하게 구사하는 운 좋은 사람들의 뇌에서도 같은 과정이 일어난다.

컴퓨터가 언어를 알아서 활용한 사례는 구글 인공신경망 기계번역 시스템의 인공국제어로만 있는 것이 아니다. 다른 거대 기술산업에서도 같은 상황이 벌어지고 있다. 페이스북은 인간과 상호작용하고 대화를 나눌 수 있는 인공지능을 개발해왔다. 처음에는 인간의 소통방식인 문자로 대화를 나누도록 하는 것이 목표였다. 가장 편리한 방법은 2가지 인공지능을 개발하여 서로 대화를 나누도록 하고, 상호작용을 통해 빠른 속도로 학습하게 하는 것이다.

그러나 모든 컴퓨터 프로그램이 그렇듯, 개발자들은 궁극적으로 자신들이 원하는 최종 결과물을 아주 신중하게 정의할 필요가 있다. 페이스북의 프로그래머들 역시 비슷한 실수를 했다. 그들은 자신들이 개발한 시스템을 여러 번 돌려보고 난 후에야, 이 시도에 꼭 필요하고 중요한 조건을 적용하지 않았음을 깨달았다. 이 두 인공지능 시스템에는 각각 앨리스와 밥이라는 이름이 붙여졌다. 그리고 모자, 책, 공과 같은 여러 가지 가상의 물건을 소유하도록 한 다음, 서로 협상을 벌이도록 설정했다.

앨리스와 밥은 각자 나름의 계획을 세우고 물건마다 각기 다른 가치를 부여했다. 두 시스템은 영어로 즐겁게 수다를 떨면서 물건을 주고받기 시작했다. 그런데 프로그래머들은 두 시스템에 '반드시 영어만 사용할 것'이라는 제한조건을 걸어두지 않았고, 곧 두 시스템은 우리가 보기에 횡설수설이라고밖에 할 수 없는 괴상한 언어를 만들어냈다. 예를 들어 가상의 공을 누가 가질 것인지를 두고 앨리스와 밥은 아래와 같은 대화를 했다.

앨리스: 공은 나에게 영이야 나에게 나에게 나에게 나에게 나에게 나에게

밥: 너 나 나 나 나 나 나 다른 건 다

앨리스: 공 공을 갖다 나에게 나에게 나에게 나에게

밥: 나는 할 수 있어 나는 다른 건 다

이처럼 우리로서는 이해할 수 없는 이야기가 튀어나왔음에도 이 어리둥절한 협상은 앨리스와 밥이 서로 모자와 책, 공을 성공적으로 나누어 갖게 했다. 영어만 사용해야 한다는 제한을 걸지 않은 것은 앨리스와 밥에게 일종의 속기 방식의 소통법을 만들어주었다. 위의 예시에서 '나에게 나에게 나에게'와 '나 나 나'가 반복되는 부분은 앨리스와 밥이 상대방에게 제공하는 물건의 수로 생각할 수 있다. 그러나 구글의 인공국제어와 마찬가지로 우리는 이 대화의 의미를 완전하게 알 수 없다.

영어의 기이한 변형 같은 이런 대화는 인공지능인 앨리스와 밥 사이에서만 이루어진 언어다. 구글의 인공신경망 기반 기계 번역 시스템만큼 정밀하지는 않아도 앨리스와 밥 역시 나름의 방식으로 언어를 만들었고, 그들은 전원이 꺼지지 않는 한 계속해서 같은 방식으로 물건을 교환해갈 것이다. 그러나 안타깝게도 페이스북의 연구 목적은 인간의 언어로 인간과 인공지능

이 상호작용할 수 있는 시스템이었으므로, 앨리스와 밥은 중단되고 이들의 초기 언어는 사라졌다.

　의사소통 능력은 인간의 기본적인 특징이다. 의사소통을 통해 사람과 사람 사이에서 생각과 문화, 기술이 퍼지며 이는 지금까지 인간이 엄청난 성공을 거두게 된 바탕이 되었다. 컴퓨터가 등장하고 전 세계가 네트워크로 연결되면서 우리는 좋든 싫든 더 많은 사람과 더욱 빠른 속도로 소통할 수 있게 되었다. 만약 컴퓨터가 인간과 같은 소통 능력을 구현할 수 있다면, 사회·문화·기술적으로 새로운 발전 가능성이 열릴 것이다.

　하지만 컴퓨터가 사용하는 언어를 우리가 이해할 수 없어도 괜찮을까? 마이크로소프트의 창립자인 빌 게이츠나 물리학자 스티븐 호킹 같은 영향력 있는 사람들의 의견처럼, 인공지능의 발전은 위기가 될 수 있다.

　호킹은 2014년에 이러한 두려움을 다음과 같은 말로 요약해서 밝혔다. "인공지능의 발달은 인류 역사에 가장 큰 사건이 될 것이다. 안타깝지만 인류 역사에서 마지막으로 가장 큰 사건이 될 것이다." 이런 상황 속에서 우리가 할 수 있는 것은, 인공신경망 네트워크가 최소한 우리 중 누군가는 이해할 수 있는 언어를 사용하기를 바라는 것뿐이다.

현재 지구상에서 사용되는 언어는 7,000~8,000종이다. 이 숫자만 보면 언어가 엄청나게 다양할 것 같지만 개별 언어와 방언은 일일이 구분하기가 매우 어렵다. 이 중에 전 세계 인구의 95%가 주요 언어로 사용하는 것은 전체 언어의 약 5%인 380종에 불과하다.

협력하려는 본성이
사라지는 이유

□

2017년 미국 성인 4,248명을 대상으로 한 조사 결과, 약 41%가 온라인에서 괴롭힘을 당한 적이 있는 것으로 나타났다. 좀 더 자세히 들여다보면 이 가운데 절반은 폭행, 스토킹, 성희롱 등 심각한 위협으로 분류된다. 5명 중 1명은 온라인에서 경미한 괴롭힘을 당했고 1명은 심각한 괴롭힘에 시달렸다는 의미다. 물론 이렇게 단순하게 정리할 수는 없다. 그 5명이 모두 백인이라면 괴롭힘을 당해본 사람은 1명도 없을 수도 있고, 반대로 5명이 흑인이나 아시아 여성들이라면 전원이 온라인에서 표적이 되어 괴롭힘을 당한 경험이 있을 가능성이 있다.

아마 그리 놀라운 결과가 아닐 것이다. 유튜브와 같은 온라인 플랫폼에서 아래쪽에 줄줄이 달리는 댓글을 읽어보면 온라인에서 극히 불쾌한 말을 내뱉는 아주 끔찍한 사람들이 많다는 사실을 알게 된다. 반면 오프라인에서는 이 정도의 반사회적 행동을 일삼는 사람들을 자주 접하지 않는다. 오프라인에서 우리가 만나는 사람들은 대체로 흠잡을 구석 없이 서로에게 상냥

하고, 설사 의견이 달라도 불쾌하게 말하거나 (온라인에서처럼) 막 나가는 행동을 하지는 않는다. 왜 온라인 속 사람들은 다른 사람에게 끔찍한 태도를 보일까?

오래전부터 수면 위로 올라온 이 현상은 '온라인 탈억제 효과'로 불린다. 심리학자들은 온라인 탈억제 효과가 왜, 어떻게 일어나는지를 상세히 설명했다. 그 핵심은 온라인에서 우리가 다른 사람에게 협조하거나, 타인에게 친절해야 한다는 생각을 덜 한다는 것이다. 오랜 시간 동안 진화하고 우리를 '문명인'으로 만든 억제 효과가 온라인에서는 사라져버린다. 그리고 우리는 그저 얼간이가 되고 만다.

인간은 서로 돕고 협력하려는 경향이 있다. 내가 이렇게 이야기하면 '과도하게 낙관적인 생각'이라고 말하는 사람도 아마 있을 것이다. 미국 예일대 인간협동연구소에서는 이 전제를 확인하기 위한 여러 시험을 설계했다.

연구원들은 참가자 4명을 한 팀으로 묶고 각각 1달러씩 제공한 뒤 온라인상에서 돈을 한곳에 모아둘 것인지(공동 모금액), 각자 자기 돈을 갖고 있을 것인지 선택하라고 했다. 이 게임은 온라인에서 진행되므로 누가 어떤 선택을 했는지 아무도 알 수 없고 익명성이 보장된다.

선택이 끝나고 나면 연구진이 공동 모금액으로 모인 돈을 2배로 늘려서 4명에게 똑같이 나눠준다. 즉 4명이 모두 자기가 받은 1달러를 공동 모금액으로 내놓으면 총 8달러가 되어 한 명당 2달러를 갖게 된다. 공동 모금액을 낼 때는 처음 받은 1달러를 잃어도 결국 모두가 2달러를 받고 승리하는 것이다. 단, 이 게임에는 만약 4명 중 한 사람도 공동 모금액을 내놓지 않으면 전원이 돈을 잃고 빈손으로 돌아간다는 규칙이 있다.

만약 4명 중 1명만 공동 모금액을 냈다면, 1달러는 2배로 불어나 2달러가 되고 4명에서 0.5달러씩 배분된다. 그 결과 돈을 내지 않은 사람들은 1.5달러를 갖게 되고, 공동 모금액을 낸 사람은 최종적으로 0.5달러밖에 갖지 못한다. 공동 모금액에 돈을 내놓은 사람이 2명이면 이들은 마지막에 1달러를 갖고, 다른 2명은 총 2달러를 갖는다. 또 3명이 공동 모금액을 내고 1명만 자기 돈을 지키면, 3명은 1.5달러, 돈을 안 낸 1명은 2.5달러를 갖는다.

이 게임 같은 연구는 '죄수의 딜레마'로 알려진 상황을 2명이 아닌 4명에게 제시한 실험이다. '죄수의 딜레마'는, 한 사건의 공범 2명이 체포되어 각자 다른 취조실에서 심문을 받는다고 할 때, 자백 여부에 따라 복역 기간이 달라진다면 각각 어떤 선택을 하는지 살펴보는 심리학의 유명한 개념이다. 이들에게는 다음과 같은 선택지가 주어진다. 둘 중 1명이 자백하면 자백한 사람은 바로 풀려나고 남은 사람은 10년 형을 받는다. 둘다 자백하면 두 사람은 똑같이 5년 형을 받는다. 둘 다 자백하지 않으면 똑같이 6개월 형을 받는다. 자신의 이익만을 고려한 선택이 결국에는 자신뿐만 아니라 상대방에게도 불리한 결과를 유발하는 상황인 것이다.

어쨌든, 앞의 예일대 실험에서 돈을 가장 많이 얻는 방법은 그룹 내에서 혼자만 이기적인 사람이 되는 것이고, 그다음으로 큰 액수를 얻는 법은 4명이 전부 협력하는 것이다. 그리고 이 게임에서 흥미로운 점은 참가자들에게 선택하기 전에 생각할 시간을 주었을 때, 결과가 달라진다는 것이다. 연구진이 참가자에게 어떤 선택을 할 것인지 고민할 시간을 주자 협력하지 않은 비율이 높아졌다. 반면 단 몇 초 만에 빠르게 결정을 내리도록 하자 대체로 그룹에 협력하는 방향을 택했다. 전 세계 다양한 문화권에서 실시된 실험에서도 같은 결과가 나왔다. 따라서 인간은 본능적으로 선하게 행동하려는 성향이 있음을 추론할 수 있다.

진화와 발달의 역사를 짚어보면 정말 그렇다는 사실을 알게 된다(17쪽 참고). 호모 사피엔스는 혹독하고 거친 환경에서 살아남기 위해 반드시 다른 사람들과 작은 집단을 이루고, 힘을 모으도록 진화했다. 인류는 이기적인 태도를 고수했을 때 얻을 미미한 이득을 붙들고 사는 대신 서로를 도우면서 사는 것이 가장 이롭다고 여기며 살아왔다. 인류는 직감적으로 무언가를 선택할 때 다른 사람들을 위하는 선택을 하게끔 진화했다고 여겨진다.

이런 점을 고려할 때, 사람들이 인터넷상에서 보이는 행동은 더욱 기이하다. 협력하고 힘을 합치려는 내재적 욕구가 사라진 것일까? 인터넷의 익명성이 이런 현상을 일으켰다는 사실은 누구나 알 수 있지만, 사실 이 현상에는 익명성보다 더 많은 요인이 복잡하게 얽혀 있다.

이스라엘의 한 연구진은 여러 사람을 인터넷 채팅 공간에 모은 뒤, 쉽게 판단하기 어려운 도덕적 질문을 던진 후 어떤 대화가 오가는지 조사했다. 참가자들은 2명씩 그룹을 이뤄 총 4개의 그룹으로 나뉘었다. 한 그룹은 채팅 공간에서 글로만 대화를 나누었고, 다른 한 그룹은 이름까지만 공개하도록 했으며, 또 다른 한 그룹은 웹캠으로 서로를 볼 수 있도록 했다. 그리고 마지막 그룹은 밀착 웹캠을 통해 서로 눈을 마주칠 수 있도록 했다. 조사 결과, 서로 눈을 마주쳤던 그룹이 토론할 때 가장 공손한 태도를 유지한 것으로 나타났다. 상대방이 자신의 이름을 아는 것 정도로는 점잖지 못한 행동을 충분히 막지 못했던 것이다.

2007년, 한국에는 익명으로 소셜미디어 플랫폼을 사용할 수 없도록 하는 인터넷 실명제가 법으로 제정되었다. 그러나 익명 활동이 불가능한 상황, 즉 온라인 계정이 누구의 것인지 찾아낼 수 있게 된 후에도 온라인에서 행해지는 괴롭힘은 1%도 채 줄어들지 않았다. 괴롭힘을 없애는 효과는 미미한 데 비해 각 온라인 사이트가 짊어져야 하는 부담이 대폭 늘어나자 한국 정부는 결국 이 법을 폐지했다.

기술 업계와 정부는 갈수록 심각해지는 인터넷 공간의 괴롭힘 문제를 근절하기 위해 골머리를 앓고 있다. 인간은 서로를 돕도록 진화했지만, 서로를 볼 수 있을 때만 그런 행동이 나타난다면 눈앞에 대상이 보이지 않는 온라인 시스템에서는 어떻게 교양 있는 행동을 이끌어낼 수 있을까?

해답은 온라인 문화의 또 다른 측면에서 찾을 수 있다. 바로 집단끼리 신념을 공유하는 능력을 활용하는 것이다. 인터넷의 범위가 날로 방대해지고, 검색이 거의 빛의 속도로 이루어지면서 사람들은 자신과 같은 흥미나 신념을 가진 사람을 쉽게 만나게 되었다. 덕분에 끔찍한 희소 질환을 앓는 자녀의 부모들이 그룹을 형성하고 서로를 돕는, 축하할 만한 일도 있지만 세상에 실질적인 해악을 끼치는 극단적 종교단체 또는 정치세력이 생겨난 것도 사실이다.

인터넷은 이러한 집단이 만들어지는 토대가 되었고, 이제 같은 생각을 가진 사람을 모으는 일은 클릭 몇 번만으로 가능해졌다. 실제로 대면을 통한 집단에서는 행동이나 옷차림, 표현방식, 농담, 버릇을 통해 유대를 형성하지만, 온라인 집단은 문자 언어가 전부다(이름 정도도 포함된다). 그러니 사람과 사람을 하나로 묶는 접착제 기능을 하던 다양한 요소를 문자 하나가 모두 대체하는 상황이 벌어졌다.

그리고 온라인상의 괴롭힘은 구체적 표적을 노리기보다는 자신이 특정 집단의 일원임을 알리는 것이 더 중요한 목적이 되는 경우가 많다. 분노를 일으키거나 비슷한 감정을 표출한 글을 온라인에 게시했을 때, 다른 사람들에게 그 내용이 더 활발하게 전해지면 (온라인에서) 그러한 행동을 계속하게 만드는 양성피드백(93쪽 참고) 고리가 형성된다. 다시 말해 그룹의 일원임을 증명하고 다른 구성원과 함께 어울릴 수 있는 존재로 인정받기 위해 다른 사람의 분노를 유발하거나 자신의 분노를 드러낸 글을 쓰는 것이다.

진정하라는 의견을 내거나 논란이 될 만한 주제가 아닌 이야기를 하는 것, 재미없는 이야기를 하는 것은 온라인 집단을 구성하는 목적에 전혀 도움이 되지 않는다. 온라인에서 드러내는 비열함이 집단의 구성원임을 스스로 보여주는 하나의 방식이 되고, 이는 자신보다 덜 비열한 사람들에게 영향력을 행사하는 수단이 될 수 있다.

온라인상의 괴롭힘이 온라인에 형성된 집단의 사회적 역할과 관련 있다면, 익명성이라는 특성을 함께 고려하여 악행을 줄이는 방향으로 시스템을 바꿀 수 있다. 뉴욕대에서 박사과정을 밟고 있는 케빈 멍거Kevin Munger는 트위터에서 '봇bot', 즉 자동으로 트윗을 올리는 로봇을 개발했다. 우선 멍거는 자신이 만든 이 여러 봇을 괴롭힐 법한 이용자들을 찾았다. 주기적으로 인종차별주의 발언을 서슴지 않는 사람들이 타깃이었다. 그런 다음, 이 타깃이 된 사람들이 보기에 자신들보다 우월한 지위에 있다고 생각할 만한 사람들이 봇 계정을 팔로잉하는 것처럼 꾸몄다.

멍거는 이 상태로 기다리다가, 타깃 중 누군가 또 부정적인 트윗을 올리면 미리 작성된, 점잖게 꾸짖는 글을 달았다. 물론 봇이 아닌 진짜 사람이 쓴 글처럼 작성된 트윗이었다. 처음에는 꾸짖는 봇을 향해 연쇄적인 공격이 이어졌다. 그러나 트위터라는 공간 안에서 자신들보다 지위가 더 높아 보이는 누군가가 꾸중을 하게 하는 이 방법은 효과가 있었다. 타깃이 된 계정들에서 올라오는 트윗에 언어가 순화되는 효과가 상당히 오랜 시간 지속된 것이다.

어떤 사람들에게는 인터넷, 특히 소셜미디어가 괴롭힘으로 가득한, 해로운 늪과 같아졌다. 어떤 이유로든 온라인에서 누군가를 적극적으로 괴롭히는 집단의 표적이 되면 모욕적인 발언을 마구잡이로 듣게 되는 대단히 불쾌한 상황에 부닥친다. 그럴 때는 마치 인간이 진화하려면 반드시 갖추어야 하는 요건, 즉 상대방에게 친절히 대하는 행동을 안 해도 된다고 인터넷이 허락이라도 해준 것처럼 느껴진다.

어떻게 하면 이 브레이크 없는 인터넷에서도 서로 얼굴을 보고 관계를 맺을 때와 같은 수준으로 행동하게 만들 수 있을까? 인터넷과 소셜미디어가 모든 사람에게 즐거운 공간이 되려면 어떻게 해야 할까?

인터넷상에서 제멋대로 나쁜 행동을 하는 사람들을 가리키는 말로 '트롤(낚시질)'이라는 표현이 많이 쓰인다. 1990년대 초, 월드와이드웹www이 개발되기 전에 사용되던 전자게시판 '유즈넷Usenet'에서 이용자들이 '초보 이용자를 트롤링하러(낚으러) 간다.'라는 말을 습관처럼 사용하면서 나온 표현이다. 기존 이용자가 게시판에 일부러 자극적인 내용을 게시하거나 이미 여러 번 논의된 적이 있는 질문을 던진 후 거기에 어떤 반응을 나타내는지를 보고 초보 이용자를 찾아내는 행위를 가리키는 말이었다.

피드백, 보상,
중독

이반 골드버그Ivan Goldberg는 미국 뉴욕에서 활동한 정신의
학자다. 1986년 골드버그는 당시 갓 등장했던 인터넷을 동
료들과 토론의 장으로 활용해보기로 했다. 각자 사무실 컴퓨
터 앞에 편하게 앉아 관심사를 논하려는 목적으로 사이컴닷넷
PsyCom.net이라는 인터넷 게시판을 만들었다. 그가 만든 온라
인 커뮤니티는 성공적이었고 계속 성장했다. 이 게시판에는 미
국 정신의학협회가 펴내는《정신질환 진단 및 통계 편람》이 토
론의 주제로 자주 등장했다.

　《정신질환 진단 및 통계 편람》은 미국 전역에서 활동하는 정
신의학자들이 임상 현장에서 관찰한 행동에 대한 여러 평가 기
준이 명시된 두꺼운 책이다. 1995년 골드버그는 미국의 정신
의학자라면 어느 책장에라도 꽂혀 있어야 할, 이 매뉴얼에서
시시하고 딱딱한 구절을 하나 찾았다. 그리고 그것을 짧게 패
러디해서 인터넷 게시판에 올렸다. 이 게시글에는 골드버그가
지어낸 '인터넷 중독 장애IAD'라는 병이 등장한다.

그런데 깜짝 놀랄 일이 벌어졌다. 동료들이 자신의 글을 읽고 한바탕 웃음을 터트릴 거라 예상했던 것과 달리, 실제로 몇몇이 그 증상 때문에 걱정이라고 진지하게 답한 것이다. 도움을 요청하는 이메일은 물론이고, 인터넷 중독이 의심된다는 자가 진단 결과를 공개한 글이 수백 건이나 게시판에 올라왔다. 골드버그가 장난으로 지어낸 병이 진짜로 존재한 것이다.

과연 그럴까? 골드버그가 인터넷 중독 문제를 제시한 후 20년이 넘도록, 이것이 정말로 존재하는 증상인가를 두고 사람들의 의견이 계속 엇갈렸다. 현재는 인터넷 중독이 실제 질병이며, 진짜 중독에 해당한다는 증거가 많이 있다. 오늘날 인터넷 중독은 도박, 포르노, 온라인 게임 중독이 모두 포함된, 더 큰 범위의 행동학적 중독 중 하나로 여겨진다.

인터넷 중독에 관한 선구적 연구결과는 전 세계에서 인터넷 보급률이 가장 높은 한국에서 나왔다. 한국 국민은 95% 이상이 스마트폰을 사용하고 있고, 전체 인구의 92%가 일상적으로 인터넷을 사용한다(인터넷 평균 속도도 세계에서 가장 빠르다). 한국의 가정용 인터넷 속도는 세계 최고 수준이며, 초고속 5G 모바일 네트워크가 가장 먼저 등장한 곳도 한국이다. 한국에서 인터넷은 언제, 어디에서나 보편적으로 활용되고, 수많은 사람이 꿈꾸는 속도의 도구가 되었다. 그러나 이러한 기술적 우월

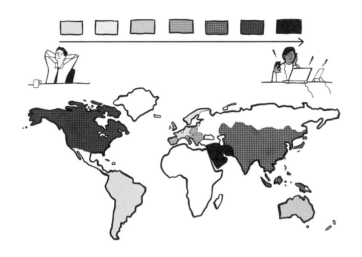

전 세계 인터넷 중독 현황

성에는 반드시 단점도 따르는 법이다.

2013년에 실시된 조사에서 5세부터 55세까지의 한국인 7%가 인터넷 중독 위험군에 있는 것으로 밝혀졌다. 한국의 총인구가 5,000만 명 이상이므로 이 수치는 약 350만 명에 해당한다. 연령대를 좁히면 더욱 우려할 만한 결과가 나온다. 중독 위험이 가장 큰 10대 청소년은 8명 중 1명꼴로 중독 위험군에 속해 있는 것으로 집계됐다.

전통적으로 중독은 코카인, 헤로인처럼 정신에 영향을 주는 약물이나 알코올 남용과 관련된 문제로 여겨졌다. 이러한 약물을 이용하면 의존성이 생기고, 장기적으로 복용하면 뇌의 화학적인 특성이 바뀌면서 약물이 몸에 영향을 주는 방식이 달라진다. 이러한 변화로 약의 효과가 약해지면 동시에 매우 불쾌한 감정이 들 뿐만 아니라, 자칫 위험할 수 있는 금단 현상이 발생하며 약을 끊기 어려워진다.

중독이 어떻게 발생하는지 제대로 밝혀내기까지는 오랜 시간이 걸렸다. 1990년대에 나온 초기 중독 연구 성과는 오랫동안 관심받지 못했다. 미국 미시간 대학교의 켄트 베리지Kent Berridge는 쥐에게 설탕 시럽을 공급하는 실험으로, 시럽을 맛본 동물들은 기분이 좋아서 입술을 핥고 더 먹기 위해 계속 돌아온다는 사실을 확인했다. 이미 기분 좋은 감각은 뇌의 도파민 분비로 조절된다는 사실이 밝혀진 뒤였다. 이에 베리지가 연구 중 쥐의 뇌 도파민 생성 부위를 불활성화하자 쥐는 설탕 시럽을 더 이상 원하지 않았다. 그런데도 시럽을 주면 기분이 좋아서 입술을 핥는 행동을 했다. 다시 말해, 설탕은 좋지만 더는 간절히 원하지 않는 상태가 된 것이다.

이것은 중독의 과학적 원리를 밝힌 핵심 연구다. 중독 대상을 너무 좋아하고, 바라는 것이 중독의 주된 특성이라는 잘못된 믿음이 깨진 결과이기 때문이다. 좋아하는 감정과 원하는 감정은 서로 연관된 경우가 많지만, 반드시 그렇다고는 볼 수 없다. 약물 중독은 약물을 좋아하는 감정이 오래전에 사라졌음에도 약물을 원하고, 그 약물을 이용하는 행위 또는 약물로 얻는 결과를 즐기는 것을 말한다. 마찬가지로 행동 중독 중 하나인 인터넷 중독은 이용자가 온라인상에서 보내는 시간에 더는 즐거움을 느끼지 않아도 그보다 더 강한 원동력 때문에 온라인에 머무를 수밖에 없는 증상이다.

도파민은 좋아하는 감정보다는 원하는 감정과 밀접한 관련이 있다. 어떤 이유로든 뇌의 도파민 분비량을 최고조로 만드는 것은 중독이 발생할 가능성을 가진다. 학자들은 대개 우리가 인터넷으로 무엇을 하는지 자세히 살펴보고, 어떤 활동이 중독 가능성을 높이는지, 컴퓨터 사용이나 온라인 게임과 관련하여 무엇이 도파민 분비량을 치솟게 하는지를 조사한다.

베트남의 동 응위엔Dong Nguyen이라는 프로그래머가 만든 모바일 게임 '플래피 버드Flappy Bird'도 같은 연구가 진행된 사례다. 그는 플래피 버드를 2일 만에 뚝딱 만들었고, 이것을 편하게 쉬면서 한가로운 시간을 보낼 때 즐길 수 있는 게임으로 소개했다. 2013년에 안드로이드와 애플 운영체제를 사용하는 휴대전화에서 무료로 다운받을 수 있도록 배포된 플래피 버드는 인기가 많아지면 제작자에게 수익이 돌아가도록 광고를 포함시켰다(2013년에는 큰 성공을 거두지 못해 제작자는 한 푼도 받지 못했다). 그러던 2014년 1월, 플래피 버드는 다운로드 순위가 급성장해 양쪽 운영체제에서 가장 인기 있는 게임으로 등극했다. 제작사에 따르면 하루 5만 달러의 수익이 발생할 만큼 엄청난 인기를 누렸다고 한다. 그러나 응위엔은 돈벼락을 맞게 된 지 단 몇 주 만에 플래피 버드의 배포를 중단했다. 소소하게 시간 때우기 용으로 만든 게임이 중독성 강한 괴물과 다름없어졌음을 깨달은 것이다.

플래피 버드는 날개를 퍼덕이는 새를 왼쪽, 오른쪽으로 옮기기만 하면 되는 아주 단순한 게임이다. 화면을 치면 날아오르기도 한다. 하지만 금세 힘이 빠져 아래로 내려온다. 새가 공중에 계속 떠 있게 하려면 화면을 계속 두드려야 한다. 게임의 목표는 이리저리 튀어나온 요상한 초록색 파이프를 피해서 새가 그 틈 사이로 빠져나가게 하는 것이다. 정말 이게 전부다. 틈 사이로 무사히 지나가면 점수가 올라가고, 장애물인 파이프는 계속해서 나타난다. 그리고 이용자는 최고 점수를 기록하며 도전한다.

그러나 실제로 해보면 점수를 얻기가 굉장히 어렵고, 이 게임이 왜 그렇게까지 인기가 많은지 의문이 들 수도 있다. 나 역시 직접(물론 조사 차원이다) 해보니 1시간이 눈 깜짝할 새 지나가 버렸다. 나는 실력이 형편없어서 새가 날아오르자마자 바닥으로 곤두박질쳤고, 그럴 때마다 한 번만 더 해보자는 마음이 들었다(손은 이미 재시작 버튼을 누르는 중). 그렇다. 이 게임이 성공한 이유는 중독에 관한 행동 연구의 핵심으로 밝혀진 요소들이 많이 들어 있기 때문이었다.

우선 이 게임에서는 시도만 하면 금방 이뤄낼 것 같은 간단한 목표가 제시된다. 파이프 틈새로 새가 빠져나가야 하는 과제는 계속 주어지지만 난이도가 높아지지는 않는다. 그저 얼마나 오랫동안 죽지 않고 이어갈 수 있느냐가 관건이다. 그리고 두 번째는 게임을 하면 할수록 실력이 늘고, 그것이 곧장 점수로 나타난다는 것이다. 게임을 잘하면 더 큰 점수를 얻게 되고 성취감이 커진다. 마지막 요소는 피드백이다. 피드백은 중독 행동 발달에서 중요하게 여겨지는 부분이다.

'피드백'에는 판을 뒤집는 특징이 있다는 사실은 오래전에 알려졌다. 1971년, 미국 조지아주 에모리 대학교의 마이클 질러 Michael Zeiler는 새가 부리로 쪼는 행동에 관한 연구결과를 발표했다. 이는 흰비둘기 3마리를 대상으로 한 간단한 실험이었다. 질러는 새장에 자동 급식장치를 설치하고 버튼을 만들었다. 비둘기가 이 버튼을 부리로 쪼면 먹음직한 먹이가 보상으로 제공된다. 실험에서 비둘기는 이리저리 돌아다니다 버튼을 부리로 누르고 먹이를 먹었다.

그러자 질러는 이 실험에 무작위 요소를 추가했다. 버튼을 평균 10회 쪼아야 1번 먹이가 나오도록 설정하자 새들은 더 이상 버튼을 쪼지 않았다. 그런데 10회를 쪼면 그중 7번은 먹이가 나오게 설정을 달리하자 새들은 버튼에 집착하기 시작했고, 평소의 2배가 넘는 시간을 들여 버튼을 누르고 먹이를 받아먹었다. 실패가 무작위로 발생하도록 설정하는 것만으로 새들의 중독 행동을 유발한 것이다. 이로써 거의 매번 목표가 무작위로 달성되어 도박 욕구를 자극하는 상황을 '피드백'으로 부르게 되었다.

뇌의 생화학적인 변화를 살펴보면, 비둘기에게 매번 맛있는 먹이가 보상으로 떨어질 때는 도파민이 거의 분비되지 않았다. 그러나 '불확실함'이라는 작은 요소가 추가되면 도파민 분비량이 눈에 띄게 증가했다. 플래피 버드는 바로 이 모든 요소가 충족된 게임이었다. 새가 통과해야 하는 틈새가 들쑥날쑥, 끝없이 나타나고(무작위 도전과제), 항상 실패가 있으며, 새가 바닥에 툭 떨어지면 게임을 다시 시작해야 한다.

질러가 비둘기에게 제공했던 것처럼, 이 게임 역시 이용자에게 실패와 보상을 함께 제공한다. 응위엔은 이 게임을 강한 중독성이 나타나도록 설계하지 않았고, 정말로 중독 행동을 촉발하리라곤 생각지도 못했을 것이다. 그저 게임 설계자로 판단할 때 인기 있을 것 같아서 내놓은 게임일 뿐이다. 하지만 의도치 않게 인간의 중독 행동을 일으키는 요소가 들어 있었고, 게임은 어마어마한 성공을 거두었다.

우리가 온라인에서 경험하는 상호작용에는 플래피 버드와 동일한 목표, 즉 피드백과 발전(보상)이 포함되어 있다. 그뿐 아니라, 습관 형성으로 알려진 요소도 중독에 영향을 준다. 습관 형성은 특히 소셜미디어와 관련된 요소다. 사회적 관계를 맺는 과정에 습관 형성 요소가 추가되면, 중독성이 생긴다.

예를 들어 엄지를 번쩍 치켜든 아이콘은 이제 소셜미디어 플랫폼 어디에서나 볼 수 있는 심볼이 되었다. 페이스북은 2009년 2월에 '좋아요' 버튼을 선보였고, '좋아요'는 지금까지 페이스북의 중추다. '사람들에게 굳이 말을 하지 않고도 게시물을 잘 봤다는 사실을 손쉽게 알리는 방법'이라는 페이스북의 설명만 읽으면 전혀 해가 되지 않는 것처럼 느껴진다(오히려 효과적인 소통 수단으로 여겨진다).

그러나 사실 '좋아요' 버튼은 소셜미디어의 코카인과 같다.

좋아요는 플래피 버드 게임처럼 몇 가지 행동학적 중독을 일으킨다. 게다가 응위엔이 만든 게임과 달리, 이러한 영향이 사회적인 상호작용을 통해 더욱 강화된다. 페이스북조차 '좋아요'를 만들 당시에는 몰랐어도, 지금은 이러한 효과(?)를 분명하게 인지하고 있다. 페이스북 CEO 마크 저커버그는 '좋아요' 버튼을 비롯해 다른 비슷한 기능을 나쁜 쪽이 아닌 좋은 쪽으로 활용하는 법을 찾을 필요가 있다고 인정했다.

다시 한국으로 돌아가자. 한국에서는 갈수록 늘어나는 인터넷 중독 문제 해결을 위해 계속해서 노력하고 있다. 2017년에 10대 청소년들로 구성된 소그룹을 조사한 연구가 진행되었다. 참가자 절반이 인터넷 중독으로 분류된 아이들이었다. 연구진는 자기공명영상MRI 기법을 활용하여 참가자 머릿속에서 일어나는 일을 살펴보고, 화학적인 신경전달물질의 양도 측정했다. 고려대 서형석 교수가 실시한 이 연구에서 인터넷에 중독된 아이들은 뇌의 감마 아미노부티르산, 줄여서 GABA 화학물질의 농도가 높고, 글루타메이트glutamate의 농도는 낮은 것으로 확인되었다. 이 두 물질은 뇌세포 간 신호전달을 매개하는 신경전달물질이다. 단, 두 물질로 발생하는 영향은 정반대다. GABA는 신호전달을 약화시키고 글루타메이트는 증가시킨다.

따라서 GABA의 농도가 높고 글루타메이트의 농도가 낮으면, 전체적으로 뇌의 신호전달 속도가 느려지고 불안과 우울, 무기력감이 커진다.

하지만 아직 이것이 인터넷 중독의 원인인지는 밝혀지지 않았다. 다만 한 가지 좋은 소식은 인터넷 중독으로 분류된 아이들에게 게임 중독자를 위한 변형된 형태의 인지행동 치료를 실행하자, GABA의 농도가 내려가고 부족했던 글루타메이트의 농도도 정상 수준으로 돌아갔다는 사실이다.

또 다른 방법으로도 인터넷 중독을 치료할 수 있다. 인터넷 중독 치료에 특히 효과를 보이는 것은 약물 중독 재활 프로그램에 뿌리를 둔 재활 캠프다. 한국은 인터넷에 중독된 어린 친구들을 집과 가족, 인터넷이 없는 곳에서 지내도록 하는 캠프를 운영 중이다. 이 캠프는 하루 최대 20시간에 달하기도 하는 참가자의 인터넷 사용 시간을 무엇으로 대신할 수 있는지 상담을 통해 알려준다.

물론, 이러한 프로그램만큼 중요한 것은 국가가 인터넷 중독 문제를 인지하는 일이다. 한국 정부는 수천 명의 상담사와 수백 가지 프로그램을 마련하는 한편, 16세 이하 어린이와 청소년은 자정부터 아침 6시까지 온라인 게임을 할 수 없도록 의무화하는 '셧다운' 제도를 도입했다. 이처럼 아시아 국가는 관련 연구를 지원하고 치료하려는 노력과 더불어 인터넷 중독이 실제로 존재한다는 인식을 강화하는 등 문제 해결을 위해 앞장서고 있다.

이제는 온라인 활동들이 사람의 행동 중독을 어떻게 일으키는지에 대해 훨씬 더 많은 부분이 밝혀졌다. 그러나 이러한 사실이 밝혀진다고 해서 중독성 있는 온라인 콘텐츠 생산 업체와 사용자 개인이 그런 시도를 중단하는 것은 아니다. 오히려 정반대다. '집착을 만들어내는 엔지니어'들은 자신이 만든 게임과 웹 사이트에 사람들이 큰 매력을 느껴 엄청난 인기를 끌기 위한 수단으로 행동 중독을 유발할 만한 요소를 적극적으로 찾아나선다.

행동 중독과 관련하여 새롭게 밝혀진 사실에 어떻게 대처할 것인지, 다른 정보를 어떻게 더불어 활용할 것인지는 사회 전체의 관점에서 고민해야 한다. 현대 사회는 사람들 대부분이 이미 인터넷에 발을 담그고 있다. 그만큼 인터넷 연결 자체를 끊는 것은 거의 불가능하다. 나쁘다고 해서 곧바로 그만두거나, 중독의 원천을 전면 차단하는 것은 현실성 없는 방안이기 때문이다. 행동 중독의 생물학적인 특징을 더 많이 알게 되면, 증상 치료에 도움이 되겠지만 이제는 그 원인을 찾아 통제

할 때라고 주장하는 사람들도 많다. 그러려면 인터넷의 자유가
억제되는 상황이 올지도 모른다.

THE QUIRKS
OF THE HUMAN
BEING

인간만이 가진 특이성

4

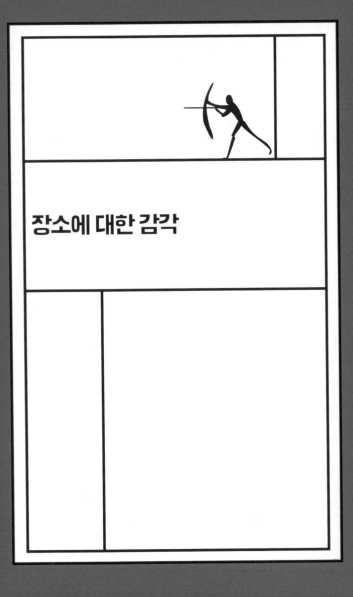

장소에 대한 감각

자, 거울 앞으로 가보자. 그런 다음 한쪽 팔을 들고 검지를 쭉 펴서 손가락 끝으로 코를 만진다. 아마 큰 문제 없이 팔을 구부려 코를 만질 수 있을 것이다. 이제 눈을 감고 다시 한번 손끝으로 코를 만진다. 이번에도 어렵지 않게 코를 만질 수 있다. 마지막으로, 눈을 감고 손가락을 코 쪽으로 가져가되, 손끝이 코에서 1~2cm 정도 떨어진 곳에 오도록 해보자. 어떤가? 눈을 뜨고 거울을 보면, 손가락이 코끝에서 조금 떨어져 있을 것이다. 친구에게 이 과정을 똑같이 시켜보자. 여러분의 요청으로 이 동작을 해본 또 다른 코 만지기 전문가들은 모두 전혀 문제없이 눈을 뜨거나 감은 채로 손가락을 코앞까지 갖다 댈 것이다. 눈을 뜨든 감든 우리는 모두 코가 어디에 있는지 만져보지 않고도 손가락을 코끝에 얼마나 가까이 가져갈 수 있는지를 알 수 있다.

우리는 주변 세상을 어떻게 인지할까? 과학자들은 우리가 눈에 보이는 주변 세상과 이 시각 정보에서 나온 몸의 위치를 피드백으로 삼아 주변을 인지한다고 추정한다. 이런 점을 감안하면 위와 같은 능력이 아주 대단한 일처럼 느껴진다. 하지만 우리에게 3차원 공간에서 눈에 보이는 것을 바탕으로 현재 자신의 위치를 파악하는 능력이 있는 것은 사실이지만, 추가로 활용되는 정보도 많다.

우리는 몸의 여러 부분이 다른 부분과 상대적으로 어느 위치에 있는지를 순식간에 아는 굉장한 능력을 가졌다. '자기수용감각'으로도 알려진 이 감각은 대부분 학창시절에 배우는 오감에 속하지 않는, 가장 중요한 감각이다. 자기수용감각은 외적인 감각이 아닌 내적인 감각이다. 시각, 청각, 미각, 후각, 촉각 등 전통적인 5가지 감각은 모두 몸 바깥의 환경에 관한 정보가 뇌로 전달되는 외적인 감각이다. 반면 자기수용감각은 몸 속의 상태에 관한 정보를 알려주는 내적인 감각이다.

대체로 자기수용감각은 우리에게 팔다리의 상대적인 위치와 머리의 각도, 몸통의 비틀림이나 구부러짐에 관한 전체적인 그림을 제공한다. 뇌는 이 수많은 정보를 조합해서 복잡한 3차원 그림을 만든다. 눈으로 본 팔과 다리의 정보, 귓속에 체액으로 채워진 장치를 통해 파악되는 중력과 지면 대비 머리의 상대적인 방향에 관한 정보도 그러한 방식으로 통합된다.

하지만 엄밀히 말해서 이 중에 반드시 필요한 정보는 없다. 우주로 나가 무중력 상태에서 눈을 감고 시도해봐도 손가락 끝을 코에 갖다 대는 자기수용감각 검사를 통과할 수 있다. 우리는 특별한 탐지 시스템이 존재하는 여러 신경으로부터 제공된 정보를 종합해 큰 그림을 얻기 때문이다.

가장 중요한 기능을 담당하는 곳은 근육의 방추사다. 근육 내부에는 자기수용감각 정보를 제공하는 섬유 다발이 최소 하나, 대부분의 경우 여러 다발 존재한다. 근육은 가닥이 하나하나가 모여 한 덩어리가 되어 탄탄한 막을 형성한 구조이며, 근육의 구성요소가 한꺼번에 수축하면서 힘을 가한다. 대부분 근육과 연결된 뼈에 그 힘이 가해진다(202쪽에 근육의 기능 방식이 자세히 나와 있다).

섬유로 된 여러 겹의 막 안쪽에는 크기가 더 작은 근섬유 다발이 자체 보호막에 둘러싸여 있다. 이 작은 다발이 방추사다. 척추에서 나온 긴 신경은 방추사 내부의 개별 근섬유 가닥을 나선형으로 감싸면서 근육을 지난다. 근육이 수축하거나 늘어나면 신경 말단도 늘어나거나 짓눌리고 근육의 길이와 길이가 바뀌는 속도를 토대로 수집된 자기수용감각 데이터가 뇌로 전달된다.

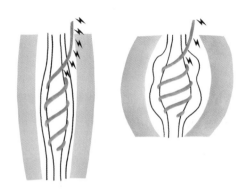

근육 방추사가 늘어나거나 짓눌린 모습

관절 안쪽 깊이 자리한 특수화된 기계수용체, 그리고 근육과 뼈를 연결하는 힘줄 조직의 골지힘줄기관에서도 이와 비슷한 방식으로 신경을 통해 정보가 전달된다. 뇌는 이 모든 정보를 종합하여 팔과 다리의 위치와 관절의 각도, 근육의 길이, 힘줄에 가해진 힘을 충분히 파악할 수 있다. 인간의 뇌는 태어난 순간부터, 어쩌면 그 이전부터 이처럼 각 신경에서 전달되는 신호에 담긴 인체 여러 부분의 위치를 이해하는 능력이 있다는 이론도 있다. 몸에 관한 이 내적 지도는 최소한 부분적으로나마 태어날 때부터 존재하고, 아기가 자라서 자신의 팔과 다리, 몸의 움직임을 조절할 수 있게 되면 빠르게 확장되는 것으로 보인다.

성인은 자기수용감각을 잃는 불운한 일을 겪지 않는 한 대부분 이러한 감각을 당연하게 여긴다. 몇 가지 유전적인 문제 등 병리학적인 원인으로 위치 감각을 잃는 경우도 있고, 비타민 B6 과용으로도 그러한 문제가 생길 수 있다. 우리 대부분이 몸의 형태가 갑작스럽게 변화하여 내적 지도가 현실을 제대로 반영하지 못하는 상황을 살면서 한 번은 경험한다.

태어나 14년 정도가 흘렀을 때 성장 속도가 급속히 증가하는 것도 그렇다. 이 시기에 남자아이들은 키가 한 해 평균 10cm씩 자라고 여자아이들은 그보다 약간 더 적은 9cm 정도 자란다. 인체 비율이 이처럼 빠른 속도로 바뀌면, 청소년의 실제 몸과 내적인 자기수용감각 지도가 일치하지 않아 몸의 움직임이 이상하게 서툴고 어설퍼지는 경우가 많다. 이 기간 동안 인체는 내적 지도를 다시 정리하고 조정하므로 시간이 지나면 서투른 움직임은 사라진다.

자기수용감각이라는 별난 기능이 우리의 삶에 어떻게 작용하는지 확인해볼 방법이 2가지 있다. 나도 학교에서 친구들에게 직접 시도해본 적이 있는 전통적인 무릎 반사가 그중 하나다. 무릎 반사는 자기수용감각 시스템에 잘못된 데이터가 제공될 때 나타나는 현상이며, 우리가 직접 통제하지 못하는 신경

체계를 점검할 때 이 무릎 반사 테스트를 활용한다.

전통적인 방식은 환자가 다리 아래쪽을 자유롭게 움직일 수 있는 곳에 앉게 한 뒤 특수 제작된 고무망치로 슬개골 아래쪽 피부를 살짝 치는 것이다. 한쪽 다리를 다른 쪽 다리 위에 포개고 스스로 직접 해봐도 되지만, 다른 사람에게 슬개골 아래쪽을 살짝 쳐달라고 하면 더욱 확실하게 결과를 확인할 수 있다. 그 부분을 치면 슬개골 바로 아래의 힘줄이 늘어나고, 슬개골 바로 아래에서 일어난 이 변화가 무릎을 지나 허벅지 맨 윗부분의 대퇴이두근으로 전달된다. 그 결과 대퇴이두근이 살짝 늘어나면 근육 안쪽의 방추사가 길어지고, 인체는 다리 아래쪽과 발이 뒤로 움직이고 있다고 생각한다. 보통 대퇴이두근은 다리 아래쪽과 발이 뒤로 움직일 때 늘어나기 때문이다. 이 변화는 예상한 결과가 아니므로 인체는 다리를 다시 원위치로 되돌리려고 근육을 수축시킨다. 그 결과 발을 앞으로 차는 것처럼 다리가 위로 올라가는 현상이 나타난다. 무릎 반사는 인체의 자기수용감각 시스템에 거짓 신호를 보내서 평소에 나타나지 않는 움직임을 유발하는 것이다.

일상생활에서 자기수용감각을 확인할 수 있는 또 한 가지 방법은, 음주측정기로 확실하게 음주 여부를 가리지 못하던 시절에 경찰이 활용하던 유명한 검사법이다. 음주운전을 한 것으로 의심되는 사람에게, 일직선으로 걸어가 손으로 코를 만져보라고 하는 것이다. 이 2가지 행동은 모두 자기수용감각에 의존한다. 걷기는 발과 다리의 협응으로 이루어지는 복잡한 행동이고, 자신이 걷는 모습을 직접 보는 경우는 드물다. 부분적으로는 몸통 뒤쪽과 아래쪽에서 일어나는 일이므로 보려고 해도 볼수가 없다고 하는 것이 더 정확할 것이다. 이번 장을 시작하면서 설명했던 코 만지기 테스트도 전적으로 자기수용감각에 의존한다. 알코올은 자기수용감각을 약화시키므로 코 만지기나 일직선으로 걷기와 같은 간단한 테스트는 만취 상태인지 대략적으로 확인할 수 있는 효과적인 방법이다.

자기수용감각의 가장 놀라운 특징 중 하나는 원래 없던 기능이 생기도록 훈련할 수 있다는 점이다. 근육 기억이 확장되는 것으로도 이해할 수 있다. 근육 기억이란 같은 신체 동작을 반복해서 계속 실행하면 나중에는 본능적으로 그 동작을 할 수 있게 되어 뇌의 정보처리 기능이 절약되고 이를 다른 곳에 쓸수 있는 것을 의미한다.

대표적인 예가 악기 연주다. 노련한 음악가는 연주에 대한 기억이 근육에 구축되어 손가락 하나하나를 어느 위치에 두어야 하는지 생각하지 않아도 된다. 어디를 누르고 어떤 현을 손으로 뜯어야 하는지 일일이 생각하지 않고 연주에 집중할 수 있는 것이다. 이러한 현상은 분명 자기수용감각과 관련이 있고, 어떤 경우에는 더 확장시킬 수도 있다. 예를 들어 숙련된 바이올린 연주자는 활이 어디 위치하는지 눈으로 보지 않아도 인식할 수 있어서 연주하는 동안 시선을 악보에 고정시킬 수 있다. 과학자들이 확장된 생리학적 자기수용감각이라 부르는 이 기능은 환상지 증후군과 예술가들에게서 나타나는 몇 가지 특징을 설명해준다.

안 보고 윤곽 그리기를 예로 들어 살펴보자. 학생들에게 그리는 대상은 보되 종이 위에 자신이 그리고 있는 그림은 보지 말고 그리도록 하고 도화지 위에 일단 펜을 올려놓은 뒤부터는 완성될 때까지 종이에서 펜을 떼지 않도록 한다. 그리는 대상에 집중해서 펜을 마치 연장된 손의 일부처럼, 눈에 보이는 것이 반영되도록 천천히 움직이면 그리려는 대상의 윤곽을 그릴 수 있다. 적어도 이론적으로는 그렇다. 실제로 해보면 첫 결과물은 엉망진창이고 두 번째, 서너 번째도 아마 마찬가지일 것이다. 하지만 계속하다 보면 요령을 깨닫는다. 자기수용감각 지도가 확장되고 감각기의 범위에 펜이 포함되어 눈의 움직임이 펜 끝에 그대로 반영되도록 그릴 수 있게 된다.

나도 종이를 보지 않고 훌륭한 그림을 그려낼 수 있는 '안 보고 윤곽 그리기'의 고수가 되고 싶지만, 자기수용감각의 기능을 입증하는 것이 목적이라면 '눈을 감고 손을 코 바로 앞까지 가져가기' 테스트가 훨씬 더 익히기도 쉽고 실행하기도 쉬운 것 같다.

'고장 난 에스컬레이터 현상'도 자기수용감각이 잘못된 사례에 속한다. 멈춰 서 있는 에스컬레이터를 걸어서 올라갈 때, 인체는 과거의 경험을 토대로 가속도와 속도가 갑자기 변화할 것이라 예상하고 뇌도 그런 상황에 대비하지만 고장 난 에스컬레이터에서는 그러한 자기수용감각 정보를 얻을 수 없다. 이로 인해 어딘가 균형이 맞지 않는 이상한 기분이 들고, 어떤 경우에는 구토 증상까지 나타난다.

우리는 세균으로 이루어졌다

지난 10여 년 동안 점차 확립되어 인간의 생물학적인 특성에 관한 기존의 생각을 크게 뒤집은 새로운 아이디어가 하나 있다. 이 의견이 제시되기 전까지, 우리의 몸은 커다랗고 큼직한 여러 기관으로 구성되고 이 기관들이 상호작용하여 인간을 만든다고 여겨졌다.

또한 외부의 영향은 분명 인체의 기능에 영향을 주고(이는 악영향인 경우도 많지만) 정신 건강, 운동 기능, 식욕에 영향을 주는 호르몬의 경우 전적으로 내면에서 조절되며 인체 각 기관과 연계되어 있다고 보았다. 그런데 인체 기능에 영향을 주는 또 다른 주체가 있고, 그 존재는 엄밀히 따지면 인체가 아니라는 사실이 점점 명확해졌다. 그 주인공은 바로 몸속에 사는 세균이다.

인체는 약 37조 개의 세포로 구성된다. 어마어마하게 큰 숫자다(212쪽에 '큰 숫자'에 관한 설명이 나온다). 인체에 사는 세균도 최소한 이와 비슷한 수준일 것이라는 의견이 오래 전부터 제기됐다. 인체 세균은 대부분은 장에서 발견되지만 피부에도 있다. 한 사람의 몸에 사는 세균은 100조 마리에 달한다고 알려졌다가 최근에는 40조 마리 정도라는 추정이 나왔는데, 이렇게 줄어도 인체 세포 수보다 약 10%가 더 많다.

그러므로 세포의 숫자로만 따지면 여러분과 나는 호모 사피엔스라기보다 세균에 더 가깝다. 우리와 어느 때고 항상 붙어 다니는 인체 세균은, 무게가 약 2kg 혹은 체중의 약 2%에 달한다. 인체의 어떤 장기보다도 무거운 셈이다. 하지만 장으로 쓸려 들어와서 우리가 먹은 음식을 마음껏 퍼먹기만 할 뿐 하는 일이라곤 전혀 없는 이런 존재를 왜 인체 기관으로 여겨야 할까? 20~30년 전까지는 과학계도 그렇게 생각했다.

그러나 연구를 통해 전혀 다른 이야기가 드러났다. '장내 세균총'으로 불리는 체내 세균이 우리의 건강 유지에 핵심적인 역할을 하며 기분도 변화시킨다는 것, 그리고 이러한 영향은 주로 호르몬 분비를 통해 이루어진다는 사실이 점차 명확해진 것이다.

세균이 없는 쥐가 일반적인 수준으로 세균이 있는 쥐와 어떻게 다른지 확인하기 위한 연구가 출발점이었다. 생식 기능이 없는 쥐가 아닌 균이 없는 쥐, 그야말로 세균이 전혀 없는 쥐를 만드는 것 자체가 엄청난 일이다. 갓 태어난 쥐를 곧바로 극도로 깨끗한 곳으로 옮긴다고 해도 해결이 안 되는 문제다. 모든 새끼는 태어나는 과정에서 세균과 접촉하기 때문이다. 무균 쥐를 만드는 일은 항생제도 써야 하고, 여러 세대를 거치며 느리고 반복적인 시도를 통해 무균 환경, 즉 균이 없는 환경에서도 자라나는 균까지 전부 확실하게 없애야 하는 고된 작업이다. 이렇게 만들어진 무균 쥐는 대체로 그리 건강하지 않다. 충분히 예상할 수 있듯이 음식을 먹는 기능에도 문제가 있고, 사회성도 떨어진다. 또한 뇌도 제대로 발달하지 않는 것으로 확인됐다. 세균을 없애자 쥐의 근본적인 기능과 발달에 영향이 미친 것이다.

이후 비슷한 연구가 여러 건 진행되어 쥐에 발생하는 다양한 영향이 밝혀졌다. 세밀한 부분까지 통제된 실험실 환경에서 무균 동물로 진행하던 실험을 사람에게 적용하는 건 훨씬 까다로운 일이다. 무균 쥐를 만든 것과 똑같은 방식으로 무균 인간을 만들 수는 없으므로, 어쩔 수 없이 대부분의 의학연구에서 선택하는 방법이 있다. 바로 이중맹검 통제 시험이다.

치료가 정말 효과가 있다는 증거를 얻으려면, 관심 있는 실제 인구군을 대표할 만한 특성을 가진 사람들을 다수 모집해서 큰 그룹을 조직한 다음 그중 일부는 치료 또는 시험을 실시하고 다른 일부에게는 위약을 제공하거나 가짜 치료를 실시한다(258쪽에 위약 효과에 관한 설명이 더 자세히 나온다). 이중맹검이란 연구 참가자 중에 누가 진짜로 치료를 받고 누가 위약을 받는지 환자와 연구자 양쪽 모두가 모르는 상태로 진행되는 시험이라는 의미다. 이렇게 하면 연구자의 무의식적인 편향이 결과분석에 영향을 주지 않고, 환자도 자신에게 일어난 변화를 보고할 때 어느 한쪽으로 치우치지 않는다.

이때 통계적으로 유효한 결과를 얻으려면 연구 표본이 충분히 커야 한다. 몇 안 되는 사람들을 대상으로 시험을 진행할 경우 특정한 결과가 나오더라도 어쩌다 우연히 생긴 일일 수 있기 때문이다. 나타날 수 있는 영향이 얼마나 작은지, 또는 모호한지에 따라 피험자가 수백 명 또는 수천 명 필요할 수도 있다. 이중맹검 시험은 인체의 생물학적 특성에 관한 가설을 시험하는 가장 적절한 표준 방식이긴 하지만 굉장히 까다롭고 비용도 아주 많이 든다. 소규모 연구가 지금도 무수히 진행되는 것은 이런 이유 때문이다.

아일랜드 코크 대학교의 테드 디넌Ted Dinan, 존 크라이언John Cryan 교수가 실시한 연구도 그렇다. 이 두 전문가는 무균 쥐를 대상으로 스트레스의 영향을 연구한 적이 있다. 장내 세균총이 건강하게 형성된 쥐와 그렇지 않은 쥐가 각각 스트레스에 어떻게 대처하는지 조사한 연구였다. 그러나 사람을 대상으로 동일한 연구를 진행하려니 통제해야 할 변수가 몇 가지 생겼고, 연구진은 장내 세균 중 스트레스 받은 쥐를 안정시키는 데 도움이 되었던 락토바실러스 람노수스Lactobacillus rhamnosus 한 가지만 조사하기로 결정했다.

초기 연구에서 이 균은 인체에 아무런 영향을 주지 않는다는 결과가 나왔다. 생물 종에 따라 같은 시험에서도 다른 결과가 나올 수 있다는 점을 고려하여, 이들은 다시 비피도박테리움 롱검 1714Bifidobacterium longum 1714라는 균으로 시험을 진행했고 이번에는 어느 정도 영향이 발생한 것 같았다. 시험 참가자는 단 22명이었다. 이 중 절반에게 비피도박테리움 롱검 1714가 포함된 알약을 매일 제공한 결과 스트레스 호르몬 수치가 감소하고 위약을 제공 받은 나머지 절반보다 불안감도 덜 느낀다고 밝혔다.

표본의 크기는 극히 작았지만, 이 연구결과를 바탕으로 비뮤노BIMUNO라는 프로바이오틱 식이보충제까지 출시됐다. 이제는 이와 같은 상품이 셀 수도 없이 많다. BBC는 이 치료가 정말로 유효한지 확인해보고자 비뮤노가 불면증에 얼마나 도움이 되는지 살펴보는 추가 연구를 의뢰하고 그 내용을 방송했다. 그러나 BBC의 연구는 비뮤노 제조업체가 제공한 지원금으로 실시됐고, 긍정적인 결과가 나타났다는 내용이 방송으로 나간 후 판매고가 급증하자 제조사는 흡족해했다. 하지만 방송을 위해 실시된 이 연구의 참가자는 위의 연구보다 훨씬 적은, 단 1명이었다. 규모가 더 큰 연구가 분명 필요하지만, 제조사 입장에서는 이미 제품이 잘 팔리는데 굳이 대규모 연구에 돈을 지원할 이유가 없다.

그러다 미국 코네티컷에서 로렌 피터슨Lauren Peterson의 이야기가 알려졌다. 분변 이식술을 받고 운동 기량이 크게 향상됐다는 내용이었다. 우리 몸을 집으로 삼고 살아가는 세균에 관한 모든 연구에서 확인된 공통적인 결과 중 하나는, 몸에 사는 균을 바꾸면 불면증이 개선되는 등 그 영향이 나타난다는 것이다. 이 생각이 극단적인 수준에 이르러, '그럼 세균이 포함된 알약을 먹는 것으로 그치지 말고 균을 새로 배양해서 장에 직접 집어넣으면 되지 않느냐'는 아이디어가 나왔다. 아직 더 정교한 방법은 나오지 않아서, 공여받은 분변을 좌약이나 관장을 역으로 진행하는 방식으로 주입하는 정도에 머물러 있다.

장 미생물학을 전공한 박사과정 학생이던 피터슨은 자신의 장에 특정한 종류의 균이 부족하다는 사실을 알게 되었다. 피터슨은 어린 시절에 진드기가 옮기는 세균성 감염질환인 라임

병에 걸린 적이 있었다. 미국 뉴잉글랜드 지역에서는 흔한 병이었다. 초기 증상이 가라앉고도 몇 년이 지날 때까지 극심한 관절통과 피로가 덮치는 일이 반복됐고 라임병을 치료하느라 어릴 때 항생제를 다량 투약한 결과 장내 세균총이 크게 결핍됐다. 피터슨은 박사과정 중에 '미국인 장 연구'에 쓰일 표본을 자진해서 제공했다가 이런 사실을 알게 됐다.

그런데 피터슨에게는 장내 미생물 연구 외에 열정을 쏟는 분야가 하나 더 있었다. 바로 자전거였다. 다양한 사이클 선수들의 대변 검체도 수집하기로 한 피터슨은 먼저 자전거를 가끔 타는 사람들과 자신처럼 아마추어 경기에 나갈 정도로 훈련하는 사람들의 검체를 수집한 후 전문 선수 35명의 검체도 수거했다. 그리고 장내 세균에 어떤 공통점이 있는지 조사한 결과, 2가지 사실이 밝혀졌다. 하나는 프레보텔라Prevotella라는 세균 속이었다. 대회에 나가기 위해 자전거를 타는 사람일수록 대변에 프레보텔라가 있을 확률도 높았다. 어쩌다 한 번씩 타는 사람들의 경우 이 세균이 발견되는 확률은 10%에 불과했고, 아마추어 선수들은 절반 정도, 엘리트 선수들의 검체에서는 전부이 세균이 발견됐다.

피터슨이 발견한 두 번째 차이점은 세균과 굉장히 흡사해 보이지만 세균은 아닌, 역사가 훨씬 더 깊은 '고세균류'라는 특이한 생물이었다. 고세균류는 펄펄 끓는 뜨거운 물이나 심해 같은 매우 극단적인 환경에서만 발견되는 특징이 있다. 자전거를 타는 사람들에게서 발견된 종은 그중에서도 메타노브레비박터 스미시Methanobrevibacter smithii로, 장에 일반적으로 서식하는 세균이 노폐물로 만들어내는 이산화탄소와 수소가 가득한 환경을 터전으로 삼는다는 사실이 밝혀졌다. 엘리트 선수들은 대부분 장에 이 균이 자라고 있었다.

피터슨은 장내 세균이 만들어내는 노폐물을 이 고세균이 먹어치우므로, 축적될 경우 장내 세균에게는 유독한 영향을 주는 이 물질이 제거된다는 가설을 제시했다. 덕분에 장내 세균은 음식을 분해하는 본연의 기능을 더욱 오랫동안 수행할 수 있고, 우리는 먹은 음식에서 더 많은 에너지를 얻을 수 있다. 즉 메타노브레비박터 스미시가 있으면 소화가 더욱 효율적으로 일어날 가능성이 있다.

엘리트 사이클 선수들의 장에 이러한 특정 균이 존재한다는 사실과 자신의 장에는 이런 균이 없다는 사실을 알아낸 피터슨은 (평소 자신의 사이클 실력을 향상시키고픈 열망이 있었으므로) 엘리트 선수들 중 공여자를 찾아 분변 이식을 받기로 했다. 그 결과는 놀라웠다는 것이 피터슨의 주장이다. 원래는 훈련을 일주

일에 두어 번 하는 정도였는데, 분변 이식 이후 한 번도 느껴본 적이 없을 만큼 에너지가 생겨서 이제는 매일 훈련할 수 있게 되었다고 밝혔다.

실제로 피터슨은 사이클 경기에 출전하기 시작했고, 심지어 프로 선수들이 출전하는 지구력 경기에서 우승까지 거머쥐게 되었다. 이러한 결과는 그녀가 주장한 변화가 사실이라는 공고한 증거가 되었다. 하지만 피터슨이 거둔 성과가 정말로, 전적으로 엘리트 선수로부터 이식받은 분변 때문이라고 할 수 있을까? 안타깝지만 그렇지 않다. 대조군이 없고 이중맹검 방식으로 진행된 시험이 아닌 이상, 피터슨의 사례는 개인적인 경험일 뿐이다. 생활 속 다른 요소가 그와 같은 성과에 영향을 주었을 가능성도 배제할 수 없다는 뜻이다.

나는 피터슨의 삶을 바꿔놓은 분변 이식이 박사과정이 끝난 시점에 이루어졌다는 사실이 중요하다고 생각한다. 박사 학위 취득까지 그 모든 과정을 거쳐본 사람은, 누구나 그 일 자체가 인생이 바뀌는 경험이었다고 이야기한다. 피터슨의 연구가 새로운 연구 분야의 문을 활짝 연 것은 사실이지만, 동시에 향후 스포츠 분야에서 분변 이식 금지가 중요한 이슈가 될 수 있다는 우려스러운 가능성도 생겼다.

우리 몸 안팎에 사는 세균이 그저 어쩌다가 함께 지내게 된 것은 아니라는 사실도 명확해졌다. 인체 세균이 전부 유익한 것은 아니지만 병원성 세균도 분명 도움이 되는 부분이 있다. 장에 박테로이데스 프라길리스균Bacteroides fragilis이 있으면, 면역계가 다른 감염성 세균과 맞서 싸우는 데 도움을 받는다. 피부에 있는 세균이 기생충 감염을 막는다는 증거도 확인됐다. 그렇다면 항균제나 항생제를 아무 생각 없이 과도하게 사용할 경우, 최근에야 밝혀진 이러한 유익균의 생태계를 해칠 위험이 있는 건 아닐까? 아이도 어른도 모두 다양한 세균에 노출되어야 하는 것은 아닐까?

미국을 포함한 서구 문화권에서는 비만 문제 확산이 최소한 부분적으로는 장내 세균과 관련이 있다는 증거가 계속 쌓이고 있다. 장내 세균총을 건강하게 구축하고 유지하려면 어떻게 해야 할까? 그 비결은 전혀 특별할 것이 없다. 채소와 과일이 중심이 되는 건강하고 균형 잡힌 식생활은 장내 세균을 번성하게 만들고 다양성을 크게 높이는 가장 좋은 방법이다. 적어도 식생활은 우리가 직접 조절할 수 있는 부분이다.

몸속에 번성하는 균과 그렇지 않은 균은 유전적으로 좌우되는 부분도 있는 것으로 추정된다. 그래도 확실한 것이 하나 있다. 항생제는 몸속 세균을 엉망진창으로 만든다는 것이다. 항생제는 감염질환을 해결하는 데 도움이 될 수 있지만 항생제 내성균이 급격히 증가하는 추세임을 감안하면 언제, 어떤 상황에서 항생제를 써야 할지 잘 판단해야 한다.

장내 미생물총은 분변 이식을 통해 재구축할 수 있다. 가장 확실한 이식 방법은 자신의 몸과 호환성이 있다고 보장된 분변을 활용하는 것이고, 이는 다름 아닌 자기 자신의 분변이 가장 좋다는 의미다. 실제로 학자들 중에는 이 개념을 확장해서 나중에 가족 중 누구라도 유익한 균이 필요한 일이 생길 때를 대비해 냉동고에 가족 전체의 분변 검체를 보관해둔 사람들이 있다.

세균은 장에만 있는 것이 아니라 우리 몸 전체에 있다. 미국 노스캐롤라이나 주립대학교에서 운영하는 '배꼽 생물 다양성 프로젝트'에서는 배꼽에서 2,000가지가 넘는 세균이 발견됐다. 한 사람의 배꼽에는 평균 67종의 세균이 존재하는 것으로 밝혀졌다.

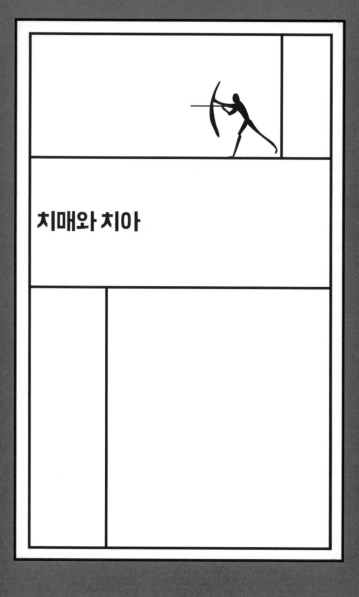

치매와 치아

독일의 정신의학자 알로이스 알츠하이머Alois Alzheimer는 1906년에 어느 환자에게서 발견한 '대뇌피질의 기이한 질환'을 보고했다. 이후 5년 동안 치매의 일종인 이 질환의 사례는 논문을 통해 11건이 추가로 보고됐다. 처음에 알츠하이머는 이 병에 대해 환자가 65세 이하로 한정되는 특징이 있다고 설명했으나, 1977년에 정신의학자들은 노년층에서 훨씬 더 많이 나타나는 질병이라는 데 의견을 모았다.

현재 알츠하이머병은 모든 치매 환자 중 약 70%를 차지하는 것으로 집계된다. 2015년 기준으로 전 세계에서 알츠하이머병으로 사망한 인구는 4,700만 명이었다. 사망원인으로는 5위를 차지했다(98쪽에 죽음의 원인에 관한 다른 내용이 있다). 알츠하이머병으로 인한 사망자 수는 20년마다 2배씩 늘어날 것으로 추정된다. 전 세계적인 인구 고령화가 그 주된 원인이다. 알츠하이머병은 비교적 최근에 발견된 병이지만, 이런 병이 있다는 사실을 알게 된 것은 100년이 넘었다. 그러므로 아직도 알츠하이머병의 원인이 밝혀지지 않은 것은 다소 놀라운 일이다.

이 병의 존재가 알려진 초기에는 알츠하이머병으로 사망한 환자의 뇌에서 발견된 것이 이 병에 관한 지식의 전부였다. 환자의 뇌 조직은 수축되어 있었고, 플라크와 '엉킨 조직tangles'으로 알려진 독특한 구조가 가득했다. 플라크는 뇌세포 바깥쪽에 형성된 반면 엉킨 조직은 뉴런 안쪽에서 발견됐다. 현미경으로 관찰한 결과 뇌 조직에 플라크가 얼룩덜룩하게 나타나고 뇌세포는 엉킨 조직으로 인해 울퉁불퉁하거나 주름이 진 형태였다.

이후 1984년에 대대적인 돌파구가 생겼다. 캘리포니아대 연구진이 플라크를 구성하는 물질을 분리해서 그 정체를 밝힌 것이다. 범인으로 밝혀진 단백질에는 베타 아밀로이드라는 이름이 붙여졌다. 이 단백질이 발견되고 몇 년 지나지 않아 베타 아밀로이드가 알츠하이머병의 원인이라는 가설이 등장했다. 플라크가 뇌에 엉켜서 쌓이기 시작하는 것이 알츠하이머병의 특징적인 증상이라는 추정도 나왔다.

이후 알츠하이머병은 광범위하게 확산되어 흔한 질병이 되었고, 학계는 환자들에게 도움이 될 만한 약이 필요하다는 압박감 속에서 이 가설을 토대로 치료 방법을 찾아 나섰다. 각국 정부와 제약업계는 알츠하이머병 치료법을 찾기 위해 엄청난 돈을 투자했다. 그러나 현재까지 나온 성과는 매우 실망스럽다. 과학계 뉴스를 챙겨 보면 놀라운 발견이 이루어졌다는 소식이 수시로 들려오고 널리 알려지지만, 시간이 지나면 그 발견에 관한 내용을 두 번 다시 들을 수 없다. 무슨 발견인지 논문을 뒤져보면 십중팔구 소규모 연구인 경우가 많고, 상당한 성과가 있을 것이라는 기대가 가득했다가 바로 다음에 맞닥뜨린 장애물을 넘지 못하고 실패로 끝나곤 했다. 현재 가장 효과적인 치료법도 알츠하이머병 환자들이 얻는 효과는 매우 미미한 수준에 불과하다. 1998년부터 2014년까지 알츠하이머병 치료제로 시험이 진행된 약만 124종이다. 이 가운데 모든 단계를 통과해서 시중에 판매된 약은 하나도 없다.

도저히 해결이 안 되는 문제를 만나 벽에 머리를 쾅쾅 박으면서 고민하다 보면, 문득 다른 방법이 있을지도 모른다는 생각이 떠오른다. 알츠하이머병의 경우도 마찬가지였다. 사람들은 맨 처음에 제기된 가설에 의문을 갖기 시작했다. 아밀로이드 가설이 잘못된 건 아닐까? 모든 알츠하이머병 환자에 아밀로이드 플라크가 생겼다고 해서 이 플라크가 병을 일으켰다는 의미로만 해석할 수는 없다. 플라크는 원인이 아닌 증상일 수도 있다.

'슈퍼 노인'이라 불리는 노년층에서 이러한 생각을 뒷받침하는 근거도 나타났다. 미국 시카고의 한 연구진이 알츠하이머병을 앓고 있지 않은 90세 이상 노인들을 대상으로 연구를 진행한 결과, 이 병의 증상과는 정반대되는 특징이 나타났다. 게다가 기억력과 이해력 점수는 50대와 비슷한 수준인 것으로 확인됐다. 이러한 놀라운 특징이 어디에서 비롯됐는지 뚜렷한 이유는 찾을 수 없었다. 생활습관에서도 정신적인 명민함이 유지되는 것과 관련이 있을 법한 특별한 점이 발견되지 않았다.

뇌 스캔 결과 이들의 뇌에서는 보통 90대에 들어서면 일반적으로 나타나는 뇌조직의 수축 현상이 없는 것으로 밝혀졌다. 연구진은 이 슈퍼 노인들의 특징이 어디에서 비롯된 것인지 좀 더 알아내기 위해 이들이 사망한 후 뇌 조직을 공여받아 조사했다. 그 결과 전혀 예상치 못한 사실이 드러났다. 슈퍼 노인들의 뇌에서도 알츠하이머병의 명백한 특징인 플라크와 엉킨 조직이 발견된 것이다. 연구대상이 된 슈퍼 노인들 중 최고령자의 뇌에서는 임상학자가 봤다면 알츠하이머병이라고 진단을 내릴 만한, 즉 알츠하이머병 환자에게서 나타나는 병리학적인 특징이 전부 나타났다. 그러나 이들이 살아 있을 때 이 병을 의심할 만한 표면적인 증상은 전혀 없었다. 슈퍼 노인들의 정신적인 명민함이 그토록 오랜 세월 유지된 이유는 아직 밝혀지지 않았지만, 아밀로이드 가설이 엉뚱한 쪽을 범인으로 지목했을 가능성은 명확해졌다.

어떤 병의 원인을 찾으려면 반드시 확인해야 한다고 알려진 항목이 있다. 19세기 독일의 미생물학자 로베르트 코흐의 이름을 딴 '코흐의 가설'이라는 항목이다. 이 항목의 첫 번째는 '그 병을 앓는 모든 환자에 공통적으로 존재하는 질병 유발 생물을 찾아야 한다'는 것이다. 찾았다면, 환자에게서 그 생물을 분리해야 한다. 그리고 피험자를 확보해 분리한 생물에 노출시켰을 때 피험자에게서 병의 증상이 나타나야 한다. 마지막 순서는 다시 두 번째 단계로 돌아가서 새로 환자가 된 그 피험자에게서 질병 유발 생물을 분리한 후 처음에 환자에게서 분리한 생물과 동일한지 확인하는 것이다. 이 단계까지 전부 완료되면 병의 원인을 찾았다고 주장할 수 있다는 것이 과학계의 정설이다. 하지만 생명은 고사하고 병의 원인은, 특히 생물학은 결코 그렇게 간단하지가 않다.

알츠하이머병을 역학적으로 연구하던 생물학자들은 2011년, 치아의 수가 적은 사람일수록 이 병에 걸릴 가능성이 확연히 높다는 사실을 알아냈다. 좀 더 깊이 연구한 결과 알츠하이머병은 사람의 입속에 서식하는 포르피로모나스 진지발리스 Porphyromonas gingivalis라는 균에 의한 잇몸질환과 연관성이 있는 것으로 나타났다. 이 세균은 그대로 방치하면 치아와 잇몸 사이 표면에서 증식하여 뼈 손실을 일으키고 결국 치아를 잃게 된다. 65세 이상 인구의 약 70%에서 발생할 만큼 흔한 문제이고 병의 양상에는 차이가 있지만 대부분 경미한 수준에 머무른다.

잇몸질환을 치료하는 방법은 상당히 간단하고 치과의사들이 늘 권고하는 이야기에 모두 포함되어 있다. 양치질을 꼼꼼하게 하고, 치실이나 치간 칫솔을 사용하고, 끼니 사이에 당분이 든 음료를 마시지 말고, 구강 위생을 잘 유지하면 된다. 물론 실천에 옮기기는 쉽지 않지만 말이다.

이후 알츠하이머병과 잇몸질환의 상관관계가 어쩌다 일어날 수 있는 확률적인 문제가 아니라 인과관계일 수 있다는 증거가 모이기 시작했다. 알츠하이머병 연구에서는 쥐가 많이 활용되고, 이 병을 앓도록 유전학적으로 조작된 특수한 쥐는 사람 환자와 비슷한 면이 매우 많다. 이 쥐를 대상으로 한 연구에서, 잇몸질환을 일으키는 균이 알츠하이머병을 앓는 쥐의 뇌 플라크에도 존재하는 것으로 확인됐다. 또한 잇몸질환을 유도한 쥐에서는 알츠하이머병과 유사한 증상이 나타나고 뇌에 아밀로이드 플라크가 형성되는 것으로 밝혀졌다.

사람에게서 과학적인 증거를 찾기란 훨씬 더 까다로운 일이다. 먼저 뇌 조직 검체에 잇몸질환의 원인 세균이 존재하는지를 확인할 방법부터 찾아야 한다. 운 좋게도 포르피로모나스 진지발리스균은 주변 조직에 독특한 단백질 효소를 분비한다는 사실이 알려졌다. 진지페인gingipain이라는 이 효소는 건강한 잇몸 세포의 표면 단백질을 분해시켜 진지발리스균이 침투할 수 있는 환경을 만든다.

영국 랭커셔의 한 연구진이 뇌 조직을 조사한 결과 아밀로이드 플라크에서 진지페인이 발견됐다. 또한 잇몸질환을 일으키는 균을 쥐의 뇌에 주입하면 하루도 채 지나기 전에 아밀로이드 플라크가 형성된다는 사실도 드러났다. 코흐의 가설로 다시 돌아가면, 알츠하이머병을 일으키는 원인이 잇몸질환을 일으키는 균이라는 결론에 거의 다다른 것이다.

포르피로모나스 진지발리스 균은 알츠하이머병 환자들의 뇌에서 계속 발견되고 있고, 이 병의 영향을 받지 않은 뇌에 균을 접종하면 동일한 증상이 나타나며 그러한 증상이 발생하는 부위에서 같은 균이 검출된다는 사실도 밝혀졌다. 이로써 코흐의 4가지 가설이 모두 충족된 셈이다. 여러 연구진이 쥐와 사람을 대상으로 동일하게 확인된 결과다. 그럼에도 실제로는 그리 간단한 일이 아니며, 완전히 확신하지 못하는 학자들도 많다.

먼저 잇몸질환을 일으키는 균이 입에서 뇌로 옮겨갈 수 있는지 여부는 아직 밝혀지지 않았다. 양치질을 너무 세게 하다가 균이 혈류로 들어갈 수 있다는 가설을 세울 수는 있으나 혈류로 유입된 세균이 뇌까지 가려면 혈액에 있는 균과 같은 원치 않는 물질이 뇌로 유입되지 않도록 특화된 인체 여과 시스템인 혈액-뇌 장벽을 통과해야 한다. 포르피로모나스 진지발리스균이 백혈구 내부로 침입할 수 있다는 사실은 밝혀졌으므로, 이 방법으로 혈액-뇌 장벽을 슬쩍 넘어갈 가능성이 있다.

유전적인 요인도 알츠하이머병의 취약성에 큰 영향을 주는데, 현재는 세균 가설과 유전적인 요인에 어떤 연관성이 있는지 밝혀지지 않았다. 알츠하이머병과 관련된 가장 중요한 유전자는 아포 지단백 EApolipoprotein E, ApoE를 만드는 유전자로 알려져 있고 진지페인은 이 단백질을 매우 잘 공격한다는 점에서부터 시작할 수 있을 것이다.

그리고 세균이 뇌로 들어간다면 그곳에서 병을 어떻게 일으키는지도 해결해야 할 숙제다. 뇌까지 어떻게 이동하는지도 밝혀내야 하지만, 병을 유발하는 명확한 기전이 없다면 코흐의 가설이 모두 충족되더라도 실질적으로 도움이 되는 지식은 없다. 현재까지는 잇몸질환을 일으키는 세균이 뇌에 유입되면 방어 기전이 활성화되고, 이 균을 없애기 위해 아밀로이드 플라크가 형성되는 것이 퍼즐의 마지막 조각일 수 있다고 여겨진다. 유전학적으로 취약한 사람은 이러한 방어 기전이 제대로 기능하지 못하고, 세균과 뇌세포가 함께 파괴될 수도 있다.

알츠하이머병의 치료법이 조만간 나올 것이라고 기대해도 될까? 그랬으면 좋겠다. 아밀로이드 가설은 수십 년 동안 중대한 성과를 전혀 얻지 못했으니, 이 새로운 접근방식이 환자들에게 도움이 될 만한 방법을 찾고 언젠가는 치료법으로 이어질지도 모른다. 호주에서 이미 포르피로모나스 진지발리스균 백신을 만들기 위한 연구가 진행 중이고, 세계적인 제약업체들도 이 균을 물리칠 방법을 찾기 시작했다. 잇몸질환의 원인균이 정말로 알츠하이머병의 근본 원인으로 밝혀진다면 어떤 형태가 됐든 알츠하이머병 치료로 구강 위생 개선 효과까지 덤으로 얻게 될 것이다.

입속에서 가장 흔하게 발견되는 균은 포르피로모나스 진지발리스 균이 아닌 충치균 Streptococcus mutans이다. 치아를 썩게 만드는 이 균은 치아 표면에 효과적으로 달라붙어서 생체막을 형성한 뒤 당을 분해시켜 젖산을 만드는 유전자를 갖고 있다. 이 젖산이 치아의 에나멜을 없애는 탈회 작용을 유발하고, 그 결과 자그마한 구멍이 남으면 더 많은 세균이 서식하는 환경이 조성되어 결국 더 큰 구멍이 생긴다.

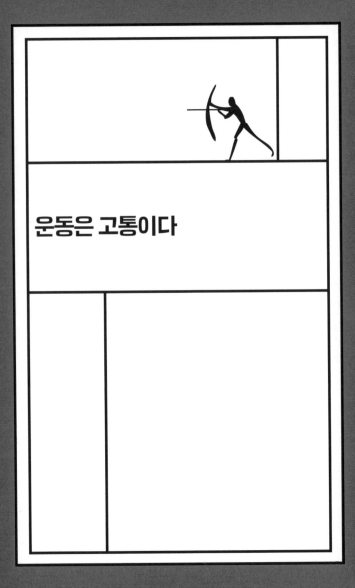

운동은 고통이다

나는 내킬 때만 달리기를 하는 편이다. 달리기를 처음 시작한 6년 전부터는 해마다 봄이 오면 러닝화에 쌓인 먼지를 (비유가 아니라 정말로) 툭툭 털어내고 밖으로 나가 운동을 시작한다. 나는 야외 달리기를 좋아한다. 보통 자연 보호구역에 포함된 가까운 강변으로 가서 달리지만, 일 때문에 다른 곳에 머무를 때는 근처 공원도 즐겨 찾는다.

하지만 오해하면 안 된다. 나는 절대 운동을 좋아하는 사람이 아니다. 30분 정도는 터덜터덜 걷고 어떻게든 5km를 채우려고 애쓸 뿐이다(마일 단위보다 킬로미터 단위로 이야기하면 숫자가 커져서 달리는 거리를 이야기할 때 나는 후자를 더 많이 쓰는 편이다). 겨울철에도 꾸준히 달리기를 하려고 시도한다. 사실 옷을 여러 겹 더 입고 장갑도 끼고 나가보지만, 도저히 마음이 내키지 않는다. 날이 빨리 어두워지고 비가 많이 오는 계절에도 역시 계속 운동을 해볼 생각으로 헬스클럽에 등록을 해본 적이 있지만, 러닝머신 위에서 달려보니 목적지 없이 하얀 벽만 보고 달려야 한다는 점이 영 재미가 없었다. 결국 3개월 동안 전혀 달리기를 하지 않았다. 해가 바뀌고 다시 찾아온 봄에 마침내 달리기를 하고 오면, 늘 근육통에 시달렸다. 최근에야 소셜 미디어에서 이 지연성 근통증이 #MajorDOMS라는 해시태그로 많이 쓰인다는 사실을 알았다(영어로 Delayed onset muscle soreness를 줄여서 DOMS라고 한다).

거의 모든 운동 후에 발생하는 지연성 근통증의 증상은 단순하다. 운동을 끝낸 직후에 약간 아프고 피곤한 느낌이 드는 건 지연성 근통증이 아니다. 명칭에 나와 있듯이 이 통증은 운동을 하고 시간이 어느 정도 흐른 뒤에 나타난다. 내 경우는 보통 하루나 이틀 후에 시작된다. 문제가 생긴 근육은 늘어나면 아프고 심지어 건드리기만 해도 통증이 느껴진다. 이런 증상은 하루 정도 지속되는데, 운동을 유독 심하게 한 경우에는 하루 이상 지속될 수도 있다(그래서 위의 해시태그처럼 '심각한major' 증상이 된다).

특이하게도, 이 상태에서 다시 달리기를 하고 나면 마찬가지로 통증이 따르지만 좀 약해지고, 세 번째로 달리기를 하고 오면 이런 증상이 나타나지 않는다는 것이다. 이 글을 쓰고 있는 지금도 얼마 전 봄이 시작됐고, 이번에도 어김없이 달리기를 시작했다. 지금까지 총 4번을 나가서 달렸다. 첫 번째 달리기를 끝내고 이틀 후에 통증이 찾아와서 하루 정도 다리를 절룩거렸다. 두 번째 달리기를 한 후에도 약간 그런 증상이 있었고, 세 번째와 네 번째 이후에는 지연성 근통증을 전혀 겪지 않았다. 운동 후 이틀 뒤에 찾아오고 오랜만에 처음 운동을 했을 때만 나타나는 이 독특한 증상을 어떻게 이해할 수 있을까?

근육이 기능하는 방식과 이 방식을 알게 된 과정은 세포생물학 분야의 고전이다. 일반인들이 이런 내용을 거의 접할 일이 없다는 것이 참 안타깝다. 진 핸슨Jean Hanson이라는 멋진 학자도 그렇게 생각했다. 생물물리학자인 핸슨은 종전 직후인 1950년대 초, 박사과정을 막 끝내고 미국 매사추세츠 공과대학에서 1년간 안식년을 보냈다. 그곳에서 박사 후 연구원으로 일하던 휴 헉슬리Hugh Huxley라는 학자를 만났고, 두 사람은 근육의 작용 방식을 설명한 이론을 함께 정립했다.

당시만 해도 근육은 주로 미오신과 액틴, 두 단백질로 구성됐다는 것이 정설이었다. 우리 몸의 에너지는 세포 내에 아데노신삼인산ATP이라는 화학물질로 저장되는데 미오신이 이 ATP를 분해한다는 사실과 정제된 미오신, 액틴이 섞이면 특이한 일이 벌어진다는 사실은 일찍이 밝혀졌다. 순수한 미오신과 순수한 액틴이 물에서 함께 섞이면 끈적끈적한 겔이 형성되는데, 여기에 ATP가 더해지면 잠시 동안은 다시 묽어져서 액체가 된다. 핸슨과 헉슬리는 현미경으로 근육을 세밀하게 들여다본 결과 밝은색 띠와 어두운색 띠가 번갈아 놓인 형태로 근육이 구성된다는 사실을 확인하고 '근세사 활주설Sliding filament theory'이라는 이론으로 근육의 기능 방식을 설명했다.

두 사람은 액틴이 긴 근세사를 형성하고, 근세사가 서로 평행하게 배치된다는 것을 관찰했다. 미오신도 근세사를 형성하는데, 똑같이 평행하게 배치되긴 하지만 그 사이사이에 액틴 단백질로 된 근세사가 끼어 있다. 액틴 근세사를 왼손가락, 미오신 근세사를 오른손가락이라고 한다면, 양 손가락의 첫 번째 마디만 교차하도록 깍지를 껴보자. 액틴과 미오신으로 구성된 이 복합 구조에 모든 세포에서 에너지원으로 쓰이는 ATP가 첨가되면, 두 근세사가 서로를 향해 미끄러지듯 포개진다. 양 손가락이 안쪽으로 미끄러지면, 오른손과 왼손이 가까워진다는 것이 중요하다. 핸슨과 헉슬리는 액틴과 미오신이 바로 이렇게 작용을 한다고 설명했다. 현미경으로 보면 평행하게 놓인 수백만 개의 근세사로 구성되고, 에너지원이 흘러들어오면 한꺼번에 미끄러지면서 거리가 아주 미세하게 짧아지지만 전체적으로 보면 근육의 길이가 크게 줄어 수축한다.

이후 현재까지 근육이 수축되는 전체 과정이 훨씬 더 분명하게 밝혀졌다. 액틴은 단백질 중에서도 구상 단백질로 불리는 종류인 것으로 밝혀졌다. 따로 떨어져 있을 때는 구에 가까운 덩어리 형태지만 총 부하가 생기면 기다란 형태가 되고 서로 연결되어 구불구불한 사슬 형태가 된다. 이렇게 탄생한 액틴 사슬, 또는 근세사는 근육과 모든 세포의 내부에서 뼈대가 되는 구조물로 확인됐다.

미오신은 이보다 훨씬 흥미로운 특징이 있다. 우선 미오신은 길고 굽은 꼬리와 그 꼬리 끝에 달린 둥근 머리 부분으로 구성된다. 액틴과 마찬가지로, 미오신도 꼬리 부분이 서로 겹쳐지면서 자체적으로 근세사를 형성한다. 이때 둥그런 머리는 바깥으로 삐져나온다. 근육조직에서 액틴은 서로 한쪽 끝이 연결된 평행하게 놓인 작은 섬유조직을 형성하는데, 이를 'Z-디스크'라고 한다. 이런 판 2개가 서로 마주보고, 말단이 2가지 형태인 미오신 근세사가 양쪽을 결합시킨다.

ATP가 주어지면 미오신 분자의 머리 부분이 액틴을 단단히 붙들고 양쪽 Z-디스크의 중앙 쪽으로 이동하고 미오신 근세사 전체가 Z-디스크 쪽으로 조금씩 움직인다. 이 변화는 미오신 근세사의 양쪽에서 일어나므로 Z-디스크끼리 점점 가까워지고 근육은 수축한다. 분자 수준에서 오로지 단백질로만 모든 일이 진행되는 멋진 설계다. 그리고 지연성 근통증이 생기는 이유이기도 하다.

우리가 근육을 사용할 때마다 수백 개의 미오신 분자가 이렇게 앞뒤로 움직이면서 액틴 근세사를 따라 맹렬히 이동한다. 이때 어느 한쪽 근육을 지나치게 많이 사용하면 몇 가지 현상이 일어난다. 우선 근육 섬유 내부에 ATP로 저장된 에너지가 빠른 속도로 고갈되고 노폐물이 근육 세포가 제거할 수 있는 양보다 더 빠른 속도로 축적된다. 이때 발생하는 노폐물이 젖산이며, 젖산이 생기면 근육에 통증이 발생하고 극단적인 경우 타는 듯한 감각이 느껴진다. 그러나 이런 증상은 금세 사라진다. 딱 10~30분만 쉬면 근육 속 여분의 젖산은 전부 사라지고 통증이 가신 상태로 다시 근육을 사용할 수 있다. 그러나 근육을 사용하는 시점에는 나중에 지연성 근통증이 생길 만큼 손상되었는지 확인할 길이 없다.

지연성 근통증은 스포츠 과학자들이 '편심성 운동eccentric exercise'이라고 부르는 특정한 유형의 운동과 관련이 있다. 편심성 운동의 반대말은 동심성 운동concentric exercise이다(과학자들은 왜 지극히 평범한 의미에, 그 의미와는 전혀 무관한 데다 일반인이 이해하는 데 도움도 안 되는 특이한 단어를 굳이 골라서 이름 붙이는 걸까).

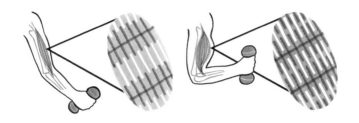

근육이 수축할 때 액틴과 미오신 근세사가 함께 작용한다.

어쨌든 편심성 운동과 동심성 운동은 예를 들어 설명하면 쉽게 이해할 수 있다. 손에 물건을 들고 가슴과 가까이 팔을 바짝 붙인 상태로 위로 들어 올렸다가 아래로 내리는 동작을 반복하는 운동을 떠올려보자. 이 동작은 '덤벨 컬'이라 불리는 전형적인 이두근 운동이지만 손에 쥔 것이 꼭 덤벨일 필요는 없다. 책, 아기, 맥주잔 다 상관없다. 물론 이걸 전부 한 번에 다 들라는 말은 아니다. 물건을 들어 올리면 팔 윗부분의 앞쪽에 자리한 이두근이 수축해서 짧아진다. 이런 운동을 동심성 운동이라고 한다.

팔을 다시 내릴 때도 물건의 하강을 통제하려면 근육을 써야한다. 이번에는 반대로 근육이 늘어나야 하는데, 이것이 편심성 운동이다. 지연성 근통증은 근육이 길어지고 늘어지는 것을 통제해야 하는 편심성 운동을 할 때만 생긴다.

이러한 운동을 처음 할 때, 또는 장기간 쉬었다가 다시 할 때 무슨 일이 벌어지는지는 아직도 논의와 연구가 이어지고 있다. 최근에 제시된 가장 유력한 설명은 근육이 확장되도록 힘을 가하면 미오신과 액틴 근세사의 작은 하위구조에 손상이 발생한다는 것이다. 액틴은 가까이 결합되어 있고, 각 단위는 Z-디스크를 통해 결합되어 있다는 앞의 설명을 상기해보자. 편심성 운동을 하면 이 구조에 큰 힘이 가해지고 결합된 구조가 분열되기 시작하면서 근육에 미세한 손상이 발생한다. 육안으로는 아무것도 보이지 않지만 현미경으로 보면 말 그대로 찢어진 부분이 생긴다.

　찢어진 곳이 한 곳이고 미세한 경우, 운동을 멈추면 괜찮아지고 통증도 생기지 않는다. 그러나 손상된 근육조직이 많으면 고쳐야 한다. 근육이 손상되면 수많은 단백질이 인체 세포와 세포 사이의 체액으로 분비되고 이것이 혈액으로 흘러 들어가므로 면역계가 재빨리 조치에 나선다. 혈액에 떠다니던 백혈구는 원래 있어야 할 곳이 아닌 곳에 유입된 단백질을 찾아내고, 면역반응이 시작되는 신호탄인 히스타민, 세로토닌 같은 화학물질이 분비된다.

　이러한 화학물질은 일제히 국소 혈관을 확장시키고, 문제가 생긴 부위에 혈류량이 증가한다. 근섬유가 손상된 곳으로 체액이 유입되기 시작하면 그 부위가 살짝 부어오른다. 뒤이어 중성구라는 백혈구가 근육조직에 당도해서 손상된 단백질을 없애기 시작한다. 이 모든 과정을 의학적인 용어로 '염증'이라고 한다. 원인이 무엇이든 몸에 손상이 발생하면 진행되는 일반적인 반응이 염증이다.

지금까지 살펴본 것처럼 지연성 근통증은 여러 단계로 일어나는 복잡한 과정이므로 염증반응이 다소 늦게 시작되는 것도 그리 놀라운 일이 아니다. '지연성'이라는 이름이 붙은 것도 이런 이유 때문이다. 근육에 미세 손상이 다량 발생해 근육이 개방된 상태로 운동 후 24시간이 지나면 염증반응이 시작되고 그때부터 통증이 느껴지기 시작한다.

지연성 근통증으로 인한 불편감은 근육을 쓰지 않을 때는 대부분 알아차리지 못하다가 근육을 사용할 때 느낀다. 이때 근육이 수축되면 염증으로 인해 근육이 더 많이 수축되고, 근육에서 압력을 감지하는 수용체가 활성화되어 통증을 느끼는 것이다. 하루나 이틀 정도 지나 손상된 근육이 회복되면 염증이 사라지고 통증도 함께 사라진다. 이렇게 회복 과정을 거치면 반복 운동 효과라는 것이 생긴다. 즉 다시 달리기를 하거나 운동을 하면 통증이 생기지 않는다.

반복 운동 효과 덕분에 올해 세 번째와 네 번째 달리기 이후에는 나를 괴롭혔던 지연성 근통증에서 벗어날 수 있었다. 올해 달리기는 쭉 그러길 희망한다. 이 효과의 정확한 기전은 아직 연구 중이지만, 근육에 미세 손상이 발생한 후 복구 과정을 거치면서 근육이 강화되는 것으로 추정된다. 이 회복 과정에서 근육 내부의 미오신과 액틴의 숫자가 늘어나고, 근육이 약간 더 길어지면서 손상 없이 힘든 편심성 운동을 할 수 있게 된다.

　지연성 근통증이 한 번 발생한 후 얻는 이 효과는 최대 6개월까지 지속된다고 하지만 내 경험상으로는 한 달 정도가 최대인 것 같다. 그러니 매년 봄마다 달리기를 시작하면 같은 통증을 겪는 것이리라. 해가 바뀌고 처음 달리기를 시작하면 반드시 이틀 뒤에 통증이 찾아오지만, 염증과 치유 과정을 거치고 나면 계속 달릴 수 있다. 규칙적으로 달리다가 몇 번 빼먹어도, 가끔은 4주나 쉬었다가 달리더라도 운동 후에 근육통은 생기지 않는다. 염증과 회복 과정을 거치면서 근육이 적응하고 길어져서 같은 거리는 아무 문제 없이 달릴 수 있다. 또한 운동 강도가 일정하게 유지되는 경우 원칙적으로는 더 오랫동안 달릴 수 있다. 운동을 더 많이 할 수 있게 된다는 의미다(이론적으로는 가능한 일이나 내가 그렇게 할 가능성은 별로 없다).

가끔 한 번씩 하더라도 운동을 꾸준히 하면 반복 운동 효과를 얻을 수 있다. 나처럼 상당 기간 동안 운동을 쉬면 추가로 생긴 미오신과 액틴이 다 사라지고 다시 운동을 하기 전 상태로 돌아간다. 이런 과학적인 사실을 고려하여 지연성 근통증을 피하려면 어떻게 해야 할까? 가장 확실한 방법은 운동을 꾸준히 해서 반복 운동 효과가 유지되도록 하는 것이다. 운동 빈도와 강도는 줄여도 되고 그저 '계속' 하면 된다. 물론 나도 시도는 해봤지만 도저히 지속할 수 없어서 결국 근육을 쓰지 않는 긴 공백이 생긴다. 여러분도 마찬가지라면 반복 운동 효과의 독특한 생물학적 특징에 의존하는 방법이 있다. 짧은 시간 동안 반짝 운동을 해서 같은 효과를 얻는 것이다.

이런 조언을 내가 실천에 옮긴다면, 해가 바뀐 후 봄에 달리기를 시작할 때 처음에는 아주 짧은 거리를 뛰고 서서히 거리를 늘려나가면 된다. 하지만 나는 승부근성이 강한 편이라 달리기를 시작할 때마다 얼마든지 평소에 뛰던 거리를 주파할 수 있다고 자신한다. 탄탄한 스포츠 과학에 심리학이 합세한 결과, 나는 그렇게 해마다 첫 달리기를 마치고 이틀 후 어김없이 찾아오는 지연성 근통증 때문에 다리를 절뚝이며 괴로워한다.

근육의 미오신과는 약간 다른 미오신이 세포 주변과 내부로 물질을 전달하는 기능을 수행한다. 미오신 분자가 옮길 물질을 싣고 세포 내부의 액틴 근세사에 결합하여 전달하는 방식이다. 마치 세포마다 철로가 놓여 있고 미오신이 기관차처럼 그 사이를 이동하는 것과 같다.

숫자 인식의
이중 구조

내가 여러분에게 5명이 모여 있는 모습을 마음속에 떠올려보라고 한다면, 아마 다들 아무 문제 없이 떠올릴 것이다(283쪽에 군중에 관한 내용이 더 자세히 나온다). 이제 숫자를 25명으로 늘리면 약간 힘들어진다. 100명, 500명으로 늘어나면? 500명이 평야에 서 있는 모습을 떠올릴 수 있는가? 어떤 그림이 될지 아주 대충 떠올리는 정도에 그칠 것이다. 그렇다면 1,000명이나 100만 명, 10억 명은 어떤가? 이쯤 되면 과연 이 정도 규모의 인파가 다 들어갈 수 있는 땅이 있기나 한지 의아할 수도 있지만, 구체적으로 떠오르지 않는 것은 마찬가지다. 100만 명이 1,000명보다 훨씬 더 많다는 것까지는 쉽게 이야기할 수 있는데, 왜 숫자가 커지면 이렇게 가늠하기가 힘들까? 그러면서도 우리는 어떻게 그 큰 숫자를 다루는 것일까?

최근 연구에 따르면 인간의 뇌는 작은 숫자를 다룰 때와 큰 숫자를 다룰 때 기능하는 방식이 다른 것으로 보인다. 사람만 그런 것이 아니다. 다른 영장류, 소형 어류도 이러한 능력이 있는 것으로 밝혀졌다. 구피라는 열대어는 번식 속도가 빠르고 키우기가 쉬운 데다 크기가 아주 작아서 동물 행동학자들이 실험에 많이 활용한다. 구피는 떼 지어 사는 습성이 있어서 늘 가까이에 있는 개체들과 함께 모여 큰 무리를 이룬다. 갓 태어난 구피도 내재적으로 이러한 경향을 나타낸다.

이탈리아 파두아 대학교의 과학자 크리스티앙 아그릴로 Christian Agrillo는 이런 특징을 토대로 어류의 산술 능력을 연구했다. 먼저 3칸으로 나누어진 수족관을 준비하고 중앙의 메인 수족관 양쪽(중앙보다 좁은 공간) 칸에 모래톱을 만든다. 양쪽 칸에는 성체 구피를 여러 마리 넣어 무리를 이루도록 했다. 그런 다음 중앙에 어린 구피 1마리와 다른 구피를 딱 1마리만 더 집어넣고 함께 지내도록 했다. 양쪽 칸에 다른 물고기를 최대 5마리까지 집어넣자, 중간에 있던 어린 구피는 정확하게 구피가 더 많은 쪽, 물고기 떼의 규모가 더 큰 쪽으로 이동했다. 어린 구피는 양쪽 칸에 넣은 구피의 수가 한 마리만 달라도 어느 쪽에 더 많은지 구분해냈다.

그런데 양쪽 칸에 구피를 최대 20마리로 더 늘려서 집어넣자 어린 구피는 수를 잘 세지 못했다. 5마리에서 수가 조금만 더 늘어나도 정확성이 떨어지는 것으로 밝혀졌다. 한쪽에는 6마리, 다른 한쪽에는 8마리의 구피를 넣자 무리가 더 큰 쪽을 쉽게 찾지 못한 것이다. 하지만 양쪽의 개체 수에 큰 차이가 나면 큰 쪽을 찾아냈다.

놀랍게도 사람을 대상으로 한 연구에서도 이와 정확히 일치하는 결과가 나왔다. 사람의 경우 이 연구는 컴퓨터 화면에 여러 개의 점으로 포함된 무늬를 연속 이미지로 짧게 보여주고 어느 쪽에 점이 더 많았는지 선택하도록 하는 방식으로 진행됐다. 인간의 뇌는 2가지 방식으로 숫자를 인식한다는 점을 고려한 실험이다. 첫 번째는 일상적으로 자주 접하는 작은 숫자를 정확하게 세는 능력이다. 손 하나에 손가락이 몇 개인지, 테이블 위에 유리잔이 몇 개 놓여 있는지, 열쇠를 넣어둘 호주머니가 몇 개인지 아는 것이 이런 능력에 해당된다. 이 기능으로 우리는 수를 정확하게 알고 수학적인 유사성이나 차이점을 처리한다. 손가락이 4개인 손을 보면 곧바로 5개가 아니라는 사실을 알고, 어느 쪽이 더 많은지 알아차린다.

숫자를 인식하는 두 번째 방식은 큰 숫자를 파악하는 기능이다. 구피의 경우 5 이상으로 넘어가면 수를 보다 직관적으로 인식한다. 정확성이나 수학적인 이해도는 떨어진다. 수적인 차이가 커야 정확하게 구분하고, 차이가 크지 않으면 잘 알아차리지 못하는 것도 이런 이유 때문이다.

앞에서 설명한 그림 속 점의 개수 세기 실험의 경우 점을 하나씩 세어보면 어느 쪽이 더 많은지 정확하게 알 수 있지 않느냐고 생각하는 사람도 있을 것이다. 그래서 이와 같은 여러 연구에서는 이미지를 아주 빠른 속도로 스쳐 지나가도록 설정해서 그러한 정신적인 처리 과정이 일어날 시간을 주지 않는다.

나도 눈에 보이는 물체가 몇 개인지 인식할 때 같은 경험을 한 적이 있다. 수가 적을 때는 슬쩍 보고도 방 안에 있는 접시 위에 비스킷 5개가 놓여 있었고 아이가 왔다 간 뒤에는 4개가 되었다는 사실을 알 수 있다. 일일이 수를 세지 않아도 숫자가 작을 때는 그 크기를 쉽게 알 수 있다.

수를 인식하는 이 2가지 시스템은 뇌에서 정보가 처리되는 부분도 각기 다른 것으로 보인다. 원숭이를 대상으로 한 연구 결과, 물체를 1개부터 5개 보여주면 두정엽 내 고랑이라는 부위가 활성화되는 것으로 나타났다. 머리의 가장 높은 곳 바로 뒤편을 따라 이어지는 부위로, 이곳의 일부 신경세포가 선형 패턴을 나타내며 한꺼번에 활성화됐다. 원숭이에게 보여주는 물체의 수가 늘어나면 활성화되는 세포 수도 증가했다. 같은 두정엽 내 고랑에 해당하지만 숫자마다 각기 다른 부분에서 연관성이 나타났다. 물건 3개를 보여주면 활성화되는 세포가 있고, 4개를 보여주면 다른 부분의 세포들이 활성화됐다.

두정엽 내 고랑은 수학적인 능력과도 관련이 있는 것으로 보인다. 난산증이라는 진단을 받은 사람들은 아무리 열심히 노력해도 수학을 엄청나게 어렵다고 느낀다. 이러한 사람들의 뇌에는 두정엽 내 고랑 부위에 뇌 조직이 줄어든 것으로 확인됐다. 우리가 큰 숫자를 이해하려고 할 때는 두정엽 내 고랑에서 활성화되는 부분이 없다는 점이 이 부위의 중요한 특징이다. 즉 두정엽 내 고랑은 작은 숫자를 인식할 때만 활성화되고, 숫자가 커지면 아무런 반응도 나타나지 않는다. 큰 숫자를 이해하는 과정은 아직 밝혀지지 않았으나, 더 작은 숫자를 이해할 때처럼 내재적으로 고정된 방식이 아닌 훨씬 더 복잡한 추정이 필요할 가능성이 있다.

수를 이해하는 시스템이 이중 구조라는 것은 인간에게 상당히 중요한 의미가 있다. 주변에서 흔히 보는 정도의 작은 숫자는 바로 인식하고 크기를 알지만 큰 숫자는 참조 지점이 없고, 이것은 의사결정 방식에 변화를 일으키는 기점이 된다.

미국 일리노이주 노스웨스턴 대학교의 로란 노드그렌Loran Nordgren은 사람들에게 가상의 범죄를 저지른 사람들을 제시하고 어떤 처벌을 내릴지 결정하도록 하는 연구를 실시했다. 참가자들은 두 그룹으로 분류되었고 각 그룹에는 판결을 내려야 하는 2가지 상황 중 하나가 제시됐다. 첫 번째 실험에서는 양쪽 그룹에 각각 3명, 30명의 피해자가 발생한 사기 범죄를 제시하고 이 사기꾼에게 1년형부터 10년형의 범위에서 몇 년형을 내릴 것인지 선택하도록 했다. 그 결과 피해자 수가 많으면 연구 참가자들이 구형하는 기간은 줄어드는 것으로 나타났다. 노드그렌은 여러 가지 시나리오로 연구를 진행했고, 결과는 매번 마찬가지였다. 피해자 수가 몇 안 되면 형량은 무거워졌다. 피해자 수가 다른 두 가해자의 형량이 비슷해진 유일한 방법은 피해자가 더 많이 발생한 사례를 제시한 그룹에 피해자 1명의 사진을 보여주고 그 사람의 이름도 알려주는 것이었다. 이렇게 하면 사람들이 연민을 느끼는 대상이 여럿에서 그 1명으로 바뀌고 형량은 무거워졌다.

21세기를 사는 우리는 엄청나게 거대한 숫자들에 둘러싸여 있다. '빅데이터'의 시대가 열린 지금, 컴퓨터만이 수십억이니 수조 단위의 숫자를 손쉽게 다룬다. 소셜미디어를 통해 이루어지는 상호작용, 바이럴 광고, 개개인의 유전자 염기서열 데이터, 수천 곳에 달하는 기상 관측소에서 수집된 날씨 정보는 모두 우리의 원시적인 뇌가 직관적으로 이해할 수 있는 범위를 훌쩍 넘어선 큰 숫자로 결과를 내놓는다. 특히 민주적인 절차에도 이러한 데이터는 중요한 의미가 있으니 영향력 있는 사람들은 더욱 신경 써서 전략을 내놓아야 할 것이다.

어느 지역에 사느냐에 따라 빌리언billion(10억)과 트릴리언trillion(10조)이 수학적으로 전혀 다른 의미가 된다. 미국과 영국, 러시아, 아프리카 북부와 호주에서는 빌리언이 100만에 1,000을 곱한 것이고, 트릴리언은 빌리언에 1,000을 곱한 크기로 인식된다. 유럽과 아프리카 남부, 브라질을 제외한 남미에서 빌리언은 100만에 100만을 곱한 것, 트릴리언은 빌리언에 100만을 곱한 것을 의미한다.

털은 왜 사라졌나?

□

고릴라와 비교하면 인간은 털이 그렇게 많지 않다고 생각할 수 있다. 인간이 '벌거벗은 원숭이'로도 표현되는 것만 봐도 일단 털과는 거리가 먼 것 같다. 하지만 유인원과 인간의 모낭 수는 거의 비슷하며 실제로 인체는 손바닥과 발바닥을 제외한 몸 전체가 털로 덮여 있다.

우리의 털 많은 유인원 사촌과 우리 인간의 차이는, 인간의 경우 길고 두꺼운 성모가 아닌 솜털이 나도록 진화했다는 것이다. 배나 팔 안쪽같이 털이 하나도 없다고 생각하는 부위에도 아주 가느다란 솜털이 덮여 있다. 이러한 솜털은 대부분 한 가닥이 고작 1~2mm이고 색이 없다.

털의 존재감이 이보다 확실하게 두드러지는 성모는 솜털보다 두껍고 색도 있으며 훨씬 더 길게 자란다. 머리와 얼굴, 사타구니, 겨드랑이와 눈썹, 눈꺼풀에 이런 털이 자란다. 성모도 꼬불꼬불한 정도가 종류마다 다르고 땀샘도 다르지만, 솜털과 성모의 차이에 비하면 이 정도 차이는 사소한 수준이며 기본적인 생물학적 특징은 상당 부분 동일하다.

성모와 솜털의 모낭은 특수화된 여러 줄기세포에서 생겨난다. 이러한 줄기세포가 분열되어 모낭의 기저에 한 덩어리로 뭉쳐 있거나 둥근 구球 형태로 존재하다가 길이가 길어지고 케라틴이라는 단백질을 만들어내기 시작한다. 이 케라틴이 연속된 긴 가닥이 되면 털이 된다.

어떤 종류의 털이 만들어지느냐는 여러 요소에 좌우된다. 털의 굵기는 둥근 모구毛球를 구성하는 줄기세포의 수에 따라 달라진다. 성모의 모낭과 솜털의 모낭에서 나타나는 주된 차이점도 이 부분이다.

모낭의 형태도 큰 영향을 준다. 모낭이 곧고 둥글면 직모가 자라고, 타원형 모낭에서는 곱슬머리가 자란다. 촘촘하게 곱슬곱슬한 머리카락을 살펴보면 구부러진 형태의 모낭에서 구부러진 머리카락이 자란다.

머리카락의 전반적인 길이는 모낭의 성장주기에 따라 다르다. 모든 모낭은 활발한 성장과 성장 중단, 휴지기로 이루어진 주기를 따른다. 머리카락의 길이는 성장기가 얼마나 지속되느냐에 따라 달라진다. 두피에서 모낭 하나가 성장기에 들어서면 2~8년간 성장이 지속된다. 이보다 더 길어질 수도 있다. 머리카락이 매월 약 10mm씩 자라는 모낭에서는 가정하면, 최대

약 1m까지 자랄 수 있다.

눈썹이 자라는 속도는 머리카락의 절반 정도로 느리고 성장기도 6주 정도에 그치므로 총 길이는 1cm에 조금 못 미친다. 솜털은 성장기가 굉장히 짧다. 모낭을 구성하는 줄기세포의 수도 훨씬 적고, 모낭의 폭이 좁아서 짧은 털이 일직선으로 자란다. 솜털 모낭의 경우 성장기가 끝나면 케라틴을 만들어내는 세포에 혈액 공급이 중단되므로 세포의 생명도 끊어진다. 털은 성장을 마친 후 완전히 죽은 상태가 되면 모낭에서 떨어져 나온다. 그러면 모낭에 짧은 휴지기가 찾아오고, 이 기간이 끝나면 다시 새로운 털이 만들어진다. 적어도 원칙적으로는 그렇다.

사람마다 다양한 차이가 있고, 여러 가지 변화로 인해 털의 패턴이 달라진다. 남성의 전형적인 탈모는 모낭의 모구를 이루는 줄기세포가 사라지는 것이 원인이다. 테스토스테론이라는 호르몬 때문에 이 줄기세포를 잃게 된다는 이야기가 자주 들리지만, 정확히는 디하이드로테스토스테론dihydro-testosterone이 원인이다.

테스토스테론에서 생겨나는 이 물질은 극히 작은 양으로도 탈모를 일으킨다. 머리가 벗겨진 남성과 머리숱이 많은 남성의 차이는 테스토스테론의 농도가 아니라 테스토스테론을 디하이

모낭의 종류

드로테스토스테론으로 바꾸는 효소의 농도, 그리고 모낭의 줄기세포가 이 화학물질에 얼마나 민감하게 반응하느냐에 있다. 디하이드로테스토스테론의 영향은 모낭의 성장기가 서서히 줄고 휴지기가 늘어나는 변화로 나타난다. 결국 성장기는 완전히 사라지고, 줄기세포의 생명도 끝이 난다. 줄기세포가 사라져서 탈모가 일어난 경우에는 성장이 다시 시작되도록 만들 방법이 없다.

인간의 몸에 난 털 중에 성모에서 솜털로 바뀐 부분이 이렇게 많은 이유는 무엇일까? 진화생물학자들에게는 이것이 중요한 질문으로 남아 있다. 진화적으로 가장 가까운 친척인 침팬지만 하더라도 몸에 난 털이 전부 성모라 온몸이 털로 뒤덮인 모습이다. 이 같은 차이가 어디에서 비롯됐는지 설명하기 위한 몇 가지 가설이 제기되었다.

그런데 이 문제를 해결하려면, 먼저 남성과 여성의 털에서 나타나는 차이부터 살펴봐야 한다. 일반적으로 남성은 여성보다 성모가 더 많고 특히 얼굴과 가슴팍에 난 털이 그렇다. 성별에 따라 나타나는 이런 차이는 보통 성적 선호도에 따라 진화에 선택이 이루어졌음을 나타낸다. 정말 그렇다면, 또 다른 의문이 생긴다. 털이 많은 남성이 번식에 더 적합한 파트너로 선호된다면 그 이유는 무엇일까? 왜 털이 많은 사람이 그렇지 않은 사람보다 더 건강하고 그와 자손을 낳으면 자손의 생존율이 높다고 여겨질까?

털이 줄어든 이유로 2가지 가능성을 생각할 수 있다. 털이 적으면 기생충이 적다는 것, 또는 한낮에 태양빛이 따가워도 잘 견딜 수 있다는 것이다. 기생충 이론은 진드기나 벼룩, 이와 같은 생물이 털이 없는 피부보다 털이 많은 피부에서 훨씬 더 확실하게 생존할 수 있다는 점과 관련이 있다. 이러한 기생충이 대량으로 번식하면 인체에 상당한 부담이 발생할 수 있다. 그러므로 기생충이 몸에 숨어서 지낼 수 있는 털이 사라지는 것이 진화적으로 이점이 되었을 것이다.

두 번째 가설은 무더운 아프리카 기후에서 체온을 조절하는 기능과 관련이 있다(26쪽에 인류의 진화에 관한 설명이 자세히 나와 있다). 솜털은 몸의 열을 식히는 기능이 매우 우수하다. 모낭마다 연결된 분비샘에서 나온 땀이 자그마한 솜털 위로 솟아나 증발되면 피부의 온도는 내려간다. 두꺼운 털은 이런 기능을 발휘할 수 없다. 오히려 털 사이의 공기층이 단열재처럼 열을 가둔다. 호모 사피엔스가 태양이 작열하는 아프리카의 열기 속에서 진화했다는 것은 다 알려진 사실이다. 인류가 주로 낮 시간에 활동하는 것은 우리의 눈이 그렇게 진화했기 때문이라는 점을 참고하면, 몸의 열을 조절해야 한다는 필요성이 온몸에 뒤덮인 털을 사라지게 만든 원동력이 되었을 가능성도 있다.

이 두 주장의 문제점은, 다른 영장류에서는 이와 같은 변화가 일어나지 않았다는 것이다. 기생충과 체온 조절이 인류의 몸에서 털이 사라진 이유라면 왜 침팬지나 고릴라, 원숭이의 몸에서는 그런 변화가 나타나지 않을까? 털이 줄면 어떤 단점이 있는지도 생각해야 한다. 솜털은 체온 조절과 기생충에 의한 인체 부하를 줄이는 것에는 도움이 될 수 있지만 밤에는 성모가 덮여 있어야 체온이 따뜻하게 유지된다. 진화를 거쳐 인류에게 생긴 다른 특징과 털이 사라진 변화가 별개로 일어나지 않은 것이 단서가 될 수 있다.

솜털처럼 다른 영장류와 달리 인간에게서만 나타나는 특징이 더 있다. 바로 지능과 문화다. 몸에 나는 털의 길이가 줄고 털의 종류가 달라지자 지능을 활용해서 밤에도 따뜻하게 지낼 수 있도록 옷이라는 간단한 도구를 만들었다면, 이러한 특징이 서로 연계되어 함께 발전했을 가능성이 있다. 그리고 문화는 언어를 통해 전해지므로(129쪽 참고) 이러한 아이디어가 빠르게 확산되는 발판이 되었을 것이다. 털이 수북하던 존재가 어떻게 짧고 가는 털로 덮인 존재가 되어 벌거벗은 원숭이처럼 보이는 모습이 됐는지, 이렇듯 두 갈래로 나뉜 진화의 역사를 하나로 합친 설명이 더욱 명쾌하게 다가온다.

사람의 머리카락에서 가장 흔히 발견되는 기생충은 머릿니다. 몸길이가 3mm인 이 날지 못하는 곤충은 두피에서 피를 빨아먹는다. 참 성가신 존재지만, 사실 우리에게 무해하다. 그런데 머릿니와 거의 쌍둥이에 가까운 친척인 몸니는 그렇지 않다. 몸니는 솜털이나 옷에 찰싹 달라붙을 수 있도록 진화했으며 이 몸니를 통해 발진티푸스나 참호열 같은 병이 옮겨진다.

HOW TO FOOL
A HUMAN

사람을 속이는 법

5

3차원의 조건,
조절과 수렴

1922년 9월 27일, 미국 로스앤젤레스의 앰배서더 호텔 극장에서 '사랑의 힘'이라는 단편 영화가 개봉됐다. 이 무성영화에는 캘리포니아 남부 출신인 돈 알메다와 그의 딸 마리아, 마리아의 약혼자인 위험한 남자 돈 알바레즈, 그리고 시내에 새로 이사 온 테리 오닐이라는 사람이 등장한다. 마리아는 테리와 사랑에 빠지고, 이야기는 충분히 예상 가능하게 전개된다. 영화가 처음으로 큰 인기를 누렸던 당시에 영화팬들이 딱 좋아할 만한 스토리라인을 벗어나지 않는다. 악랄한 돈 알바레즈는 갖가지 사기 행각을 벌이고, 우리의 여주인공 마리아는 사고로 다치지만 테리가 영웅처럼 나타나 마리아를 구한다. 그렇게 두 사람의 사랑이 이루어지는 것으로 이야기는 끝이 난다.

하나만 빼면 특별할 것 없는 영화다. 그 하나는 바로 1922년에 개봉된 '사랑의 힘'이 대중 앞에 최초로 선보인 3D 영화였다는 것이다. 하지만 아쉽게도 당시 이 영화를 본 관객들이 3D 영화가 일으키는 두통도 사상 최초로 느꼈는지, 아니면 괜찮았는지는 알려지지 않았다.

  '사랑의 힘'을 보러 온 관객들에게는 한쪽은 붉은색, 다른 한 쪽은 초록색 렌즈로 되어 있는 특수 안경이 제공됐다. 영화는 해리 페어올Harry Fairall과 로버트 엘더Robert Elder가 설계한 카 메라로 촬영됐다. 두 사람이 제작한 이 카메라는 총 2개의 카 메라 렌즈가 약 6cm 간격으로 배치됐다. 성인의 양쪽 눈 동공 사이 평균 간격이다. 그리고 이 초창기 버전의 필름 카메라를 이용하여 2개의 스풀에 감긴 두 뭉치의 필름에 약간 다른 각도 에서 촬영한 똑같은 장면을 동시에 기록했다. 2개의 스풀이 양 쪽 눈으로 보는 것처럼 장면을 기록하기 위한 기술이었다.

  이 원리대로라면 왼쪽 눈에 해당하는 필름과 오른쪽 눈에 해 당하는 필름에 담긴 기록을 관객도 각각 왼쪽 눈과 오른쪽 눈 으로 볼 수 있게 해야 한다. 붉은색과 녹색 렌즈가 끼워진 안경 이 바로 그 역할을 한다. 왼쪽 눈에 해당하는 카메라로 촬영된 필름이 영사될 때 붉은색 필터를 통과하도록 하면 영상에 불그 스름한 색이 입혀진다. '사랑의 힘' 관객들에게 제공된 안경에 는 모두 오른쪽에 이 필터와 동일한 붉은색 필터가 끼워져 있 었고, 화면을 이 필터를 통해서 보면 붉은색이 입혀진 필름은 필터를 통과하지 못하므로 왼쪽 눈만 볼 수 있게 된다. 오른쪽 눈에 해당하는 필름에도 같은 방법을 적용한다. 이번에는 필름을 녹색 필터를 통해 영사하고, 관객이 쓸 안경의 왼쪽에도 같은 색의 필름을 끼워두면 영사된 화면은 오른쪽 눈으로만 볼 수 있다. 그 결과 화면에서 일어나는 일들이 평평한 스크린을 벗어나 객석으로 가까이 다가오거나 더 멀어지는 것처럼 느껴지는 3차원 체험을 하게 된다.

움직이지 않는 대상의 3차원 이미지를 만든 일은 새로운 시도가 아니었다. 3D 이미지를 볼 수 있는 최초의 장치인 입체경은 왕성한 발명가이자 사진술의 발전을 이끈 선구자인 찰스 휘트스톤Charles Wheatstone이 1838년에 고안했다. 실제로 활용할 수 있는 사진 기술이 등장한 해보다 1년 더 이른 시점이었다. 초기에는 입체경에 손으로 직접 그린 이미지가 사용되었으나, 사진 기술에 관심을 쏟던 사람들은 곧바로 입체경으로 볼 수 있는 3D 이미지를 개발했다. 2년 뒤 네거티브 사진술을 발명한 윌리엄 헨리 폭스 탤벗William Henry Fox Talbot이 휘트스톤을 찾아와 입체경으로 볼 수 있는 이미지를 만들기 시작했다.

초기 입체경은 거울을 활용하거나 약간 다른 위치에서 만들어진 2가지 다른 이미지를 양쪽 눈으로 각각 볼 수 있도록 눈 사이에 파티션을 놓는 방법이 활용됐다. 이 두 이미지가 뇌에서 결합되어 3차원 이미지가 되는 것이다. 우리가 실제 현실에서 왼쪽 눈과 오른쪽 눈으로 각각 따로 본 모습이 하나의 이미지로 합쳐지는 방식과 동일하다.

그런데 이 초창기 장치의 문제점은 한 번에 한 사람씩만 3D 이미지를 볼 수 있다는 것이었다. 그래서 붉은색과 녹색 필터를 이용하는 기발한 장치인 애너글리프 입체경이 등장했다. 1853년에 빌헬름 롤만Wilhelm Rollmann이라는 독일인이 발명한 이 입체경은 필터가 끼워진 안경을 쓰고 있는 동안에는 계속해서 3차원 이미지를 볼 수 있다. 덕분에 3D 영상은 관객이 몇 명이든 다 함께 즐길 수 있는 기술이 되었다. 19세기가 끝날 무렵 루이 르 프랭스Louis Le Prince라는 프랑스인이 고정된 이미지를 움직이는 이미지로 만들자 3D 이미지 기술이 영화에 활용된 건 자연스러운 일이었다.

1922년에 개봉된 '사랑의 힘'은 관객들로부터 좋은 평가를 받았지만 추가 상영관은 한 곳밖에 확보하지 못했다. 조금 신기한 경험 정도로 여겨지는 데 그친 3D 영화는 1952년, 다시 한 번 스크린에 등장했다. 장편영화라는 새로운 장르로 처음 제작된 3D 영화 '브와나 데블'은 초반부터 중대한 문제에 부딪혔다. 한 비평가는 당시 상황을 이렇게 표현했다. '숙취가 얼마나 심했던지, 나는 안정을 찾으려고 곧장 2차원 영화를 보러 갔다.' 상당수의 관객들이 두통을 겪은 것이다.

3D 영화의 황금기라 불리는 이 시기는 겨우 2년 만에 막을 내렸고, 1954년부터 1980년대 초반까지 관객들은 2차원 영화에 충분히 만족했다. 1980년대에는 전성기가 짧게 되살아나 '조스 3D'나 '13일의 금요일 3편: 3D' 등 당시 큰 인기를 누린 영화들이 3D로 제작됐다. 3D 영화 기술은 계속 발전해서 대부분 유색 필터 대신 편광 필터를 사용하게 되었지만 '3D 두통'이라는 기본적인 문제는 여전히 남아 있었다.

마침내 최근에 3D 영화가 다시 부활했다. 2009년 제임스 캐머런 감독의 영화 '아바타'는 부활의 출발점은 아니었지만 큰 인기를 모았다. 제작할 때부터 3D로 볼 수 있도록 만들어진 이 영화는 어마어마한 성공을 거두었다('아바타'는 2019년 7월 '어벤저스: 엔드게임'에 1위 자리를 넘겨주기 전까지 최대 수익을 올린 영화였고, 수익은 미화 약 28억 달러에 이른다). 관객들이 3D 영화를 거부감 없이 보게 된 이유 중 하나는, 두통이 왜 생기는지가 밝혀지면서 제임스 캐머런 감독이 새로운 방식으로 영화를 만들었기 때문이다.

사람은 눈이 2개인 '쌍안시'이기 때문에 물체를 3차원으로 본다. 사람의 양쪽 눈은 약 6cm 떨어져 있고 각각의 눈에 보이는 세상은 약간 차이가 있다. 한쪽 눈이 인식하는 것은 안구 뒤편 망막을 구성하는 간상세포와 원추세포를 통해 감지하는 평평한 2차원 이미지다. 양쪽 눈에서 생긴 2개의 이미지는 뇌에서 해독 과정을 거쳐 너비, 높이, 깊이가 있는 3차원 이미지로 세상을 인식한다.

그런데 늘 기막힌 특징이 추가로 존재하는 것이 인체의 생물학적인 특징이고, 눈으로 본 이미지에도 그런 특징 덕분에 다른 정보가 추가된다. 두 눈이 사물에 초점을 맞출 때마다 안구 안쪽, 그리고 안구 사이에서 2가지 일이 벌어진다. 바로 조절과 수렴이다.

동공의 투명한 수정체는 안구 뒤쪽 망막으로 빛이 떨어지고 선명한 이미지가 생길 수 있도록 형태를 바꿔 초점을 맞춘다. 수정체의 이 같은 조절 기능으로 우리는 사물을 또렷하게 볼 수 있다. 이 기능에 문제가 생기면 안경을 써서 바로 잡는다. 수정체의 조절은 반사적으로 이루어진다. 즉 의식적으로 노력하지 않아도 자동으로 일어난다. 또한 이것은 눈에서 일어나는 두 번째 안반사인 수렴과 연관되어 있다.

수렴을 직접 확인하려면, 도와줄 사람을 찾거나 어떤 방법으로든 여러분 자신의 모습을 촬영해야 한다. 친구에게 팔을 앞으로 쭉 뻗어서 손가락 하나를 들어보라고 하자. 두 눈은 손가락 끝을 보도록 한다. 이 상태에서, 손가락을 천천히 얼굴 가까

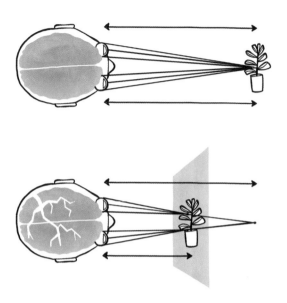

수렴과 조절이 일치하지 않으면 두통이 생긴다.

이로 이동하면서 눈은 계속해서 손가락 끝에 초점을 맞추도록
하자. 이때 친구의 눈을 가만히 살펴보라.

손가락이 눈에 조금씩 가까워지면 양쪽 안구는 점점 코 쪽으
로 모이고, 급기야 친구의 눈이 사시처럼 보이는 상태에 이른
다. 이것이 수렴이다. 손가락을 기준으로 하면, 눈이 손가락을
따라 한곳에 모인다는 것을 알 수 있다. 즉 물체가 눈과 가까워

지면 눈이 교차하고 한곳으로 모이고 물체가 눈에서 멀어지면 두 눈은 양쪽으로 멀어진다.

종합하면 이 조절-수렴 반사accommodation-vergence reflex는 우리 뇌에 눈으로 인식하는 3차원 세상에 관한 추가 정보를 제공한다. 양쪽 눈이 더 많이 조절되고 수렴할수록 물체는 더 가까이에 있고, 이 정보가 우리가 눈으로 보는 이미지에 추가되면 뇌는 이를 토대로 주변 세상의 3차원 이미지를 더욱 명확하게 구축한다. 문제는 3D 영화에 적용된 그 영리한 기술과 필터, 렌즈가 뇌에 제공되는 풍성한 정보의 일부만 반영되었고 조절-수렴 반사는 고려하지 않았다는 것이다.

영화관에서 3D 영화를 보면 눈은 자동으로 안구 뒤쪽에 맺히는 스크린의 이미지에 초점을 맞춘다. 우리의 눈은 수정체를 조절해서 스크린과 눈의 거리에 알맞게 초점을 맞춘다. 2개의 안구가 같은 대상을 보려면 정확히 한 지점으로 두 눈이 수렴되어야 한다. 사시가 아니라면 그렇다. 그러나 3D 영화는 스크린 앞으로 툭 튀어나오거나 뒤로 푹 들어간 것으로 보인다. 물체가 스크린 앞으로 돌출된 것처럼 보이는 경우, 양쪽 눈으로 들어온 이미지로 뇌에서 형성되는 3차원 이미지가 평평한 스크린 표면에 뜬 이미지보다 더 가까이에 있어야 하므로 수정체는 더 앞쪽으로 초점을 맞추어야 하고 눈은 안쪽으로 더 몰려야 한다. 하지만 사실 이미지는 더 가까워진 것이 아니라 스크린에 그대로 머물러 있고, 뇌에 상충되는 정보가 전달된다. 뇌는 물체가 가까이에 있다고 인식하지만 조절-수렴 반사에서 나온 정보에 따르면 물체는 멀찍이 떨어진 스크린에 있다.

뇌는 이 당혹스러운 상황을 해결하기 위해 안구에 지시를 내린다. 그중 하나는 조절-수렴 반사에서 나온 정보를 강제로 무시하는 것인데, 이 경우 눈에 보이는 이미지는 흐릿해지고 서로 겹쳐져서 더 이상 3차원 이미지로 보이지 않는다. 또 다른 반응은 뇌의 지시를 무시하고 조절-수렴 반사가 계속 일어나도록 함으로써 3차원 이미지를 보는 것이다. 어느 쪽이든 서로 다른 정보가 끊임없이 충돌하므로 눈은 피로해지고 수많은 관객이 전형적인 '3D 두통'을 경험한다.

불가피한 문제로 보이는 이런 상황을 어떻게 피할 수 있을까? 해결의 열쇠는 영화관 스크린에 무엇이 상영되든, 객석에 앉은 관객 대부분이 같은 곳을 본다는 사실에서 찾을 수 있다. 뛰어난 영화감독은 직감적으로 관객들이 동시에 응시하는 곳이 어디인지 안다. 눈으로 특정한 세부 정보를 찾는 것은 인간의 본능이고 특징이다. 가령 스크린에 등장한 사람이 말을 하기 시작하면 그 사람이 무엇을 하고 있건 우리의 눈은 일단 얼굴로 향한다. 클로즈업, 즉 근접촬영의 놀라운 효과도 바로 이런 특성에서 비롯된다. 물론 충분한 연습이 필요하지만 말이다.

또한 안구 추적 기술을 활용하면 관객의 눈이 어디로 쏠리는지 손쉽게 시험하고 확인할 수 있다. 3D 영화에 관심 있는 예리한 감독이라면 이러한 정보를 토대로, 눈에 보이는 심도 범위의 중간쯤에 관객의 초점이 맞추어진다는 사실을 알아낼 수 있다. 두 눈이 영화관 스크린의 이미지에 초점을 맞추는 지점과 조절-수렴 반사가 일어나 눈이 초점을 맞추려는 지점이 일치하면 뇌에 인식되는 이미지와 달라서 충돌이 일어날 일도 없고, 두통도 생기지 않는다. 이론상으로는 그렇다.

영화감독 입장에서는 초기 3D 영화에서 자주 활용되던, 물체가 갑자기 앞으로 튀어나오거나 화면 뒤로 저 멀리 사라지는 장면은 만들지 말아야 한다는 것을 의미한다. 그러한 장면이 뇌에 가장 큰 갈등을 유발해 두통을 일으킨다. 숙취 증상을 유발했던 '브와나 데빌'과 달리 '아바타'가 3D 영화로 성공한 이유는, 우리 뇌가 주변 세상의 3차원 이미지를 어떻게 구축하는지 그리고 이 이미지가 3차원 영화 기술과 어떻게 상호 작용하는지를 이해하고 만들었기 때문이다.

놀랍게도 지금으로부터 거의 100년 전에 만들어진 최초의 3D 영화 '사랑의 힘'에는 더 이상 쓰이지 않게 된 또 한 가지 혁신적인 아이디어가 구현되었다. 당시의 3D 기술은 동시에 촬영한 2개의 영상을 상영하는 방식이고, 구체적으로는 약 6cm 떨어진 거리에서 촬영된 동일한 장면들로 구성됐다. '영화의 힘'의 두 감독은 이런 사실에 주목하고, 결말을 2가지로 만들 수 있다는 아이디어를 떠올렸다. 관객들에게는 이야기가 결말 직전의 결정적인 부분에 이르렀을 때 해피엔딩, 즉 '핑크빛' 결말을 보고 싶으면 붉은색 필터가 있는 쪽 눈으로만 화면을 보라는 안내가 제공된다. 반대로 질투심 많은 악당 돈 알바레즈가 목적을 달성하는 모습을 보고 싶다면 녹색 필터가 있는 다른 쪽 눈으로만 화면을 보도록 했다.

　현재까지 남아 있는 영화 '사랑의 힘' 3D 버전 사본에는 이 비극적인 결말이 남아 있지 않아서 역사 속으로 사라지고 말았다. 2D 버전도 해피엔딩 결말만 남아 있다. 영화제작 분야에서 상당히 혁신적이고 놀라운 시도였지만, 무성영화 시대에나 실행해볼 수 있었던 아이디어였다. 이제는 최신 기술로 3D 영화를 제작할 수 있게 되었지만 이처럼 결말이 달라지는 효과를 내려면 관객 전원에게 전용 안경과 함께 전용 헤드폰도 제공해야 한다. 그래야 각기 다른 결말대로 영상에 맞는 소리까지 들을 수 있다. 이 모든 요건을 갖추려면 또 다른 차원의 두통이 생길 것이 분명하다. 영화 만드는 사람들은 생각만 해도 머리가 지끈거릴 테니까.

컴퓨터 가상현실 게임도 3D 영화처럼 두통과 멀미를 일으킬 수 있다. 특히 컴퓨터 시스템 성능이 충분히 뛰어나지 않으면 이러한 증상이 더 쉽게 발생한다. 머릿속의 이미지와 눈앞에 보이는 이미지의 움직임에 아주 작은 격차만 생겨도 뇌에서 움직임을 담당하는 곳과 시각을 담당하는 곳에 불일치하는 부분이 생겨 멀미가 난다.

거짓말의 기술

■

혹시 상대방이 여러분에게 거짓말을 하는지 알고 싶었던 적이 있는가? 만약 그가 나와 눈을 마주치지 못하고 몸을 잠시도 가만히 두지 못한다면 확실히 의심해볼 만하다. 나는 거짓말에는 소질이 없지만 거짓말하는 사람은 잘 집어낸다.

지구 전체를 구석구석 돌아다니면서 사람들에게 거짓말쟁이를 어떻게 알아보느냐고 물어보면 공통적으로 돌아오는 대답이 있다. 거짓말의 확실한 징후로 사람들이 가장 많이 제시하는 것은 바로 눈을 마주치지 않는 것, 그리고 몸을 자꾸 꼼지락대는 것이다. 여기에 자신은 거짓말 실력은 형편없지만 거짓말쟁이는 기가 막히게 찾아낸다는 확신도 덧붙인다. 이런 생각이 이토록 만연하다는 것도 놀랍지만, 더 놀라운 건 실제 사실과는 다르다는 점이다. 물론 이렇게 이야기하는 사람들도 거짓말을 하려는 의도는 없었겠지만 말이다.

거짓말 포착기술을 특별히 훈련받은 경우가 아닌 이상, 거짓을 감지하는 능력은 대부분 비슷하다. 누군가 거짓말을 하는지 진실을 말하는지 정확히 맞힐 확률은 겨우 50%에 불과하다. 동전을 던져서 원하는 쪽이 나올 확률과 같은 수준이다. 마찬가지로, 상대를 감쪽같이 속이고 거짓말을 하는 능력도 대부분 그 정도 수준에 그친다.

미국의 심리학자들이 전 세계에서 실시된 수백 건의 연구를 수집해서 분석한 적이 있다. 총 2만 5,000여 명을 대상으로 진실과 거짓을 얼마나 잘 가려내는지 알아본 실험들을 분석해보니 성공률은 고작 54%였다. 이 결과를 더 세부적으로 나누어서 거짓말을 찾아내는 확률만 따져보면 그마저도 47%로 더 떨어진다. 다른 사람이 진실을 이야기하고 있다는 것을 알아내는 능력은 그보다 조금 더 나은 61%였다.

그렇다면 거짓말쟁이는 눈을 맞추려고 하지 않고 몸을 꼼지락댄다는 주장은 어디에서 나왔을까? 이런 확신은 과학적인 근거가 없는 것으로 밝혀졌다. 이런 생각을 비롯한 수많은 거짓말 탐지기술의 기원이라고 알려진 사람이 있다. 1878년 이탈리아 트리에스테에서 태어난 심리학자 비토리오 베누시Vittorio Benussi가 살던 시대로 거슬러 올라가보자.

베누시는 오스트리아 헝가리 제국 시대에 태어난 인물로, 거짓말을 하면 감정의 동요가 커지고 이것이 겉으로 드러난다는 주장을 펼쳤다. 베누시는 호흡 패턴이 바뀌는 것으로 이러한 동요를 확인하고자 했다. 그의 실험은 그리 성공적이지는 않았지만, 거짓말할 때 정서적인 동요가 일어나면서 나타나는 생리학적인 변화를 정확하게 확인하는 방법을 찾기 위한 탐구의 출발점이 되었다. 1920년대에 윌리엄 몰튼 마스턴William Moulton Marston이라는 미국인은 거짓말을 호흡수로 알아낼 수 없다면 혈압의 미세한 변화로 가려낼 수 있다고 판단했다. 마스턴은 자신이 고안한 거짓말 탐지기의 정확도가 90~100%라고 주장했다. 다른 과학자들이 마스턴의 장치로 뒤이어 실험을 해보았지만 아무리 반복해도 검사의 정확도는 그만큼 높지 않았다.

결국 사람들은 마스턴의 손에서 나온 또 다른 창작물인 만화 캐릭터 '원더우먼'의 능력과 실험 결과를 그가 혼동한 것이 분명하다고 결론 내렸다. 원더우먼이 휘두르는 황금밧줄은 올가미에 붙들린 사람이 진실만 말하게 하는 마법 같은 특징이 있어서 '진실의 밧줄'로도 불린다.

이후 심장박동수, 피부 저항성, 땀의 양으로 거짓말을 탐지하는 기계도 등장했다. 모두 거짓말을 하면 정서적으로 혼란을 겪는다는 전제에서 나온 결과물이었다. 우리가 아는 거짓말 탐지기는 1939년에 캘리포니아에 살던 레오나르드 킬러Leonarde Keeler라는 사람이 미국의 정보보안 기관인 FBI에 판매한 발명품이다. 이 거짓말 탐지기는 범죄부터 취업 면접까지 다양한 상황에서 거짓말을 포착하려는 목적으로 세계적으로 활용됐다.

그러나 어느 정도 시간이 흐른 뒤, 과학적인 거짓말 탐지기술을 연구해온 수많은 사람이 이 기계는 효과가 없다는 결론을 내렸다. 정확도는 기계의 도움을 받지 않고도 거짓말을 알아채는 인간의 능력보다 아주 약간 더 나은 수준으로 밝혀졌다. 즉 아무런 도움을 받지 않아도 거짓말인지 알아낼 확률은 50% 정도인데, 이 기계의 정확도는 60%였다.

미미하지만 개선된 것이 분명하다고 하기에는 거짓말을 잘못 감지했을 때 초래되는 결과가 상당히 심각했다. 거짓말 탐지기 결과 때문에 취업 면접에서 떨어지거나, 무고한 사람을 범죄자로 선고한다고 생각해보라. 이런 문제에도 불구하고 일본과 미국 등 여러 나라에서 여전히 거짓말 탐지기 결과가 증거로 채택되고 있다. 영국에서는 보호관찰 중인 재소자가 의무적으로 거짓말 탐지기 검사를 정기적으로 받고 결과를 제출해야 한다.

거짓말 탐지기의 문제점은 1878년에 나온, 거짓말을 하면 정서적으로 혼란이 일어난다는 베누시의 주장이 전제되었다는 점에서 비롯된다. 진실을 이야기할 때도 정서적인 혼란이 일어날 수 있다. 하물며 불이 번쩍이는 시커먼 상자에서 나온 전선

달린 전극을 몸에 붙이고, 지금 거짓말을 하는지 진실을 말하는지 검사한다는 사실을 훤히 다 아는 채로 검사를 받으면, 진실을 말해도 거짓말한다는 결론이 나올 수 있다. 불안감만으로도 심장박동이 빨라지고 땀이 나고 호흡이 빨라져서 거짓 양성 판정이 내려질 수 있기 때문이다.

실제로 범죄자가 적절한 훈련을 받거나 자기 확신이 매우 강한 경우, 또 실수하면 안 된다는 두려움이 강하면 거짓말 탐지기 결과를 속이고 기소를 피할 수 있다는 사실도 충분히 입증됐다. 또한 수많은 거짓말 연구의 근본적인 문제점은 거짓말 탐지기의 효과를 확인하는 실험에 참가한 사람들이 대부분 학생이고, 거짓말이나 진실을 말하라는 요청을 받았다는 것이다. 연구방법에 따라 거짓말을 그럴듯하게 하면 현금으로 보상한 경우도 있고 전기충격이 위협 요소로 작용된 경우도 있지만, 어쨌든 공정한 상황에서 실험이 진행됐다고는 볼 수 없다. 이처럼 사람을 대상으로 하는 연구의 큰 난제는, (그 주제가 무엇이건) 비윤리적 행위의 선을 넘지 않고 과학적인 가설을 확인하기가 굉장히 어렵다는 것이다.

거짓말 탐지기의 바탕 원리, 즉 혈압이나 시선이 향하는 곳, 그밖에 측정 가능한 수많은 생리학적인 반응을 통해 몸으로 정보를 흘린다는 것은, 거짓말 탐지기술을 연구해온 학자들에게는 분명 떨치기 힘든 부분일 것이다. 1970년대에 캘리포니아에서 활동하던 폴 에크먼Paul Ekman이라는 과학자는 '미세표정'이라는 새로운 이론을 제시하고 이에 관한 시험을 시작했다. 미세표정이란 1/20초 정도로 아주 짧은 시간 동안 얼굴에 나타나는 감정을 의미한다. 사람은 포착하지 못하지만, 표정을 촬영한 후 재생속도를 늦추면 볼 수 있다. 우리가 이 미세표정으로 진실을 이야기한다는 것이 에크먼의 이론이었다.

그러나 이 방법 역시 거짓말 탐지기와 마찬가지로 그리 정확하지 않을 뿐만 아니라 거짓 양성 결과로 혼동을 일으키기 쉽고 설득력이 탁월한 거짓말쟁이들은 결과를 얼마든지 속일 수 있다는 같은 문제가 드러났다. 어떤 방식으로 거짓말을 탐지하든 효과가 있으려면 먼저 검사 대상자의 기본적인 행동부터 확인해야 한다. 평소에 몸을 얼마나 자주 움찔대는지, 땀은 얼마나 흘리고 어떤 미세표정을 주로 짓는지 등이 포함된다. 이런 정보는 검사 대상자가 전적으로 편안한 상태로, 아무런 위협이 없는 환경에서 검사를 받을 때만 얻을 수 있다. 그러나 실생활에서 범죄 수사와 같은 목적으로 거짓말 탐지기를 활용할 때 이런 조건을 충족하기란 불가능하고 따라서 검사는 실패할 수밖에 없다.

이 같은 실패에도 불구하고, 거짓말 탐지기를 계속 활용해야 할 필요가 있다는 의견을 뒷받침하는 근거도 몇 가지 밝혀졌다. 다만 그 활용성은 거짓말을 찾아내는 데 도움이 되는 것과는 무관하다. 최근 개발된 탐지기술이 검사 대상자의 거짓말을 더 정확히 집어내는 것으로 확인되면서 이 장치의 거짓말 탐지 기능은 더욱 큰 타격을 입었다. 이 최신 기술은 생리학적인 특징이나 시각적인 단서에 의존하지 않는다. 사실 우리는 말과 글을 통해서 자신을 드러내는 경우가 가장 많다.

벨기에, 네덜란드, 영국의 과학자들은 보상이 따르는 특정 사업의 입찰을 위해 사람들 사이에 오간 엄청난 양의 이메일을 분석했다. 8,000통 이상의 이메일에 담긴 언어를 살펴보고 각 업체가 직접 쓴 소개가 얼마나 진실한지 조사한 결과, 각 업체의 이메일에 진실만 담겨 있지는 않지만, 몇 가지 뚜렷한 진실의 징후가 나타나는 것으로 확인됐다. 이메일에 거짓된 내용을 쓸 때, 작성자는 '저', '당신'과 같이 개인을 나타내는 대명사를 거의 쓰지 않았다. 연구진은 이것이 '거리를 두려는 시도'라고 보았다.

또한 거짓말이 담긴 이메일은 자기 비하에 해당하는 내용이 적고, 불필요하거나 반복되는 설명이 많으며, 수식어도 더 많이 사용됐다. 여기까지는 이미 여러분도 다 아는 특징이라 그리 놀랍지 않을 수 있다. 그런데 이 연구에서는 장기간 오간 이메일 중에서 거짓 내용을 작성한 사람들은 그 거짓말을 믿도록 만들고 싶은 상대방의 언어 양식을 굉장히 빨리 익혀서 따라 한다는 사실이 새롭게 밝혀졌다.

상대방의 환심을 사고 자신이 진실하다고 강조하기 위해 이러한 방법을 활용하는 것으로 보인다. 연구진은 이 분석결과를 바탕으로 서로 간에 오간 이메일 내용을 분석해서 누가 거짓말을 하고 있는지 70% 정도의 정확도로 찾아낼 수 있는 컴퓨터 알고리즘을 개발했다. 인간이 아무런 도움도 받지 않고 거짓말을 찾아낼 확률이 50% 정도니 그보다 훨씬 뛰어나다고 할 수 있다.

캐나다에서도 얼마 전 시각적, 생리학적인 징후로는 진실성을 판단할 수 없다는 사실을 뒷받침하는 연구결과가 나왔다. 이 연구에서는 여성 참가자들에게 한 여성이 등장하는 영상을 보여주었다. 이 여성에게 낯선 사람이 다가와서 잠시 어딜 다녀와야 하니 가방을 좀 맡아 달라고 요청했다.

그런데 이 영상은 2가지 버전으로 제작됐다. 하나는 부탁을 받은 여성이 가방을 열어서 안에 든 물건을 훔치는 모습이 담겨 있고, 다른 하나는 가방 주인이 돌아올 때까지 참을성 있게 기다리는 모습이 담겨 있었다. 연구진은 참가자를 절반으로 나눠 도둑이 된 여성과 그렇지 않은 여성이 나오는 영상을 각각 보여주었다. 그런 다음 참가자들에게 간단한 질문을 던지고, 질문과 상관없이 무조건 사전에 정해진 대답을 하도록 했다. 질문은 화면에 나온 여성이 가방에서 무언가를 훔쳤냐는 내용이었고, 정해진 답은 "아니오, 훔치지 않았습니다."였다. 즉 참가자들 중 절반은 거짓말을 해야만 하고 다른 절반은 진실을 이야기하도록 한 것이다. 연구진은 이들이 질문에 답하는 모습을 영상으로 촬영했다. 그리고 다른 자원자들을 대규모로 모집해서 촬영한 것을 보여주고 누가 거짓말을 하고 누가 진실을 이야기하는지 찾아보도록 했다.

이 연구에는 또 1가지 장치가 적용됐다. 질문에 답하는 모습이 촬영된 참가자들 중 일부는 거짓말을 하건 진실을 말하건 상관없이 니캅을 입도록 한 것이다. 니캅은 이슬람교도 여성들이 눈만 제외하고 얼굴 전체를 가리기 위해 착용하는 일종의 얼굴 가리개다. 이 특별한 장치가 더해진 이유는 미국과 캐나다, 영국의 법정에서 증인이 증언을 할 때 니캅 착용이 법으로 금지된 것과 관련이 있다. 영국의 경우 배심원단이 증언 내용을 믿을 수 있도록 하고, 진짜인지 판단하려면 증인의 얼굴 전체를 볼 수 있어야 한다는 이유로 이러한 규칙을 적용한다.

그런데 이 연구에서 니캅을 착용한 참가자의 영상을 본 사람들이 거짓말을 하는지 아닌지를 오히려 더 정확하게 찾아내는 것으로 확인됐다. 얼굴 전체를 볼 수 있는 것이 오히려 거짓말을 포착하는 우리의 능력에 방해가 되고, 결과적으로 거짓말쟁이를 찾기가 더 어려워진다는 것을 보여준 결과였다.

현재까지 나온 모든 근거를 종합할 때, 평균적으로 우리의 거짓말 탐지능력은 아주 형편없다. 거짓말 탐지기의 도움을 얻어봐도 그냥 무작위로 거짓말쟁이를 찾을 때보다 정확성이 약간 더 높아질 뿐이다. 하지만 거짓말하는 사람을 찾는 방법이 전혀 없는 것은 아니다. 우선 말하는 사람의 모습이 아닌 말의 내용에 집중하라. 가능하면 물리적인 존재 자체를 완전히 지우고, 그 사람이 하는 말만 글로 남겨보라. 이렇게 하면 다른 여러 틀린 신호에 현혹되지 않고 말 자체에만 초점을 맞출 수 있다.

그보다 확실한 방법은 질문을 잘 던지는 것이다. 거짓말보다 진실을 말하는 것이 더 쉽다는 사실을 활용하는 방법이다. 범죄사건을 수사할 때, 진실을 이야기하는 사람은 일어난 일을 기억해서 세부적인 사항을 떠올리면 된다. 하지만 거짓말을 하려는 사람은 이야기를 지어내야 한다. 그러려면 이야기의 내용이 질서정연하고 서로 연관성이 생기도록 끊임없이 다듬어야 한다. 이것은 정신적으로 큰 노력이 필요한 일이고, 학문적인 표현으로는 '인지 부하'가 더 크다. 이런 사실을 기억하고 조사할 때 상대방의 인지 부하를 가중시키는 기술을 적용할 수 있다.

일반적으로 많이 쓰이는 기술은, 사건이 일어난 과정을 거꾸로 거슬러 올라가면서 이야기해보도록 하는 것이다. 진실을 이야기하는 사람에게는 약간 헷갈리는 정도로 그치지만, 거짓말을 하는 사람은 시간을 거슬러 올라가면서 이야기하기가 훨씬 어렵고 따라서 실수가 나올 확률이 높다. 예를 들어 테러리스트로 의심되는 사람에게 그의 신념과 반대되는 사상에 관해 설명해보도록 하는 방법이 많이 활용된다. 아무리 철저히 대비하더라도 실제로 자신이 믿는 이데올로기는 반대하는 사상보다 훨씬 더 거침없이 술술 설명할 수 있고, 결국 진심으로 믿는 사상이 무엇인지가 뚜렷하게 드러난다.

앞에서 이야기한 2가지 기술의 공통적인 목표는, 거짓말쟁이가 일관성 있는 이야기를 지어내고 유지하기 어렵게 만들어서 실수를 유발하게 하는 것이다. 뭔가 모순되는 부분이 튀어나오면, 조사 담당자는 허위로 보이는 부분이 더 선명하게 드러나도록 집중적으로 조사할 수 있다. 이러한 기법은 거짓말을 정확히 찾아낼 확률이 80%가 넘을 정도로 매우 정확하다. 그러나 우리가 살면서 다른 사람을 취조할 일은 많지 않으므로, 일상생활에서 활용할 만한 방법은 아니다.

거짓말을 하면 나타난다는 정서적인 동요를 전혀 다른 방식으로 활용할 수 있다. 특히 눈을 마주치지 못한다는 부분이 그렇다. 우리가 어떤 정보를 떠올릴 때 시선은 자연스럽게 먼 곳을 향한다. 상대방의 눈을 잠자코 가만히 쳐다보고 있는 것은 그리 쉬운 일이 아니며, 어떤 사건의 세세한 부분을 집중해서 기억해내려면 보통 잠시 시선이 다른 곳을 향하게 된다.

어떤 사람이 거짓말을 하는지 확인해보고 싶다면, 문제가 되는 사건을 자세히 이야기해달라고 하라. 최대한 많은 정보를 알려달라고 한 뒤 그 사람에게서 눈을 떼지 말고 살펴보라. 거짓말의 징후가 나타나는지 지켜보라는 뜻이 아니라, 그렇게 하면 상대방의 인지 부하가 커지기 때문이다. 무슨 이야기를 하는지 잘 들어보고, 다른 건 다 신경 쓰지 말고 하는 말에 집중하라. 거짓말을 하고 있다면 이야기에 틈이 생겨 안 맞는 이야기가 나올 가능성이 크다. 거짓말은 그렇게 찾아내면 된다.

동물들도 거짓말하는 능력이 뛰어나다. 북미에 서식하는 흰목물떼새는 포식자의 시선을 피하기 위해 날개가 부러진 척하고, 북극여우는 다 자란 성체가 자기 몫의 먹이를 확보하기 위해 새끼들에게 큰일이 난 것처럼 경고하는 울음소리를 낸다. 코코Koko라는 고릴라는 우리 안에 있던 개수대를 망가뜨려 놓고 수화로 동물원 직원 중 한 사람이 그랬다고 이르는 아주 깜찍한 거짓말을 했다.

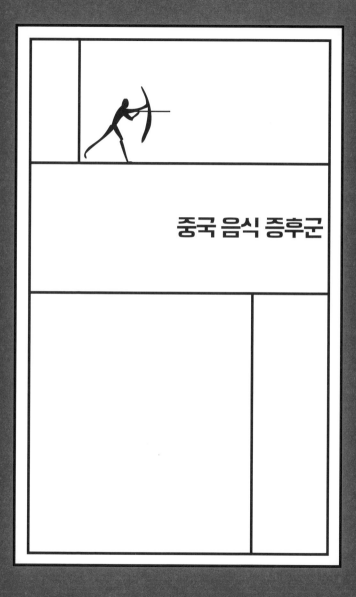

중국 음식 증후군

■

런던 남부에서 보낸 어린 시절, 주말마다 아버지를 따라 런던 중심가로 향하던 시간은 내게 정말 소중한 추억이다. 보통 일요일에 과학박물관이나 자연사박물관 중 한 곳을 들렀다가 런던 차이나타운 중심가인 제라드 거리의 한 음식점으로 향했다. 이 두 목적지는 이후 오래도록 내게 큰 영향을 남겼다. 첫 번째 목적지에서는 과학에 대한 사랑을, 두 번째 목적지에서는 중국 음식에 대한 사랑을 꽃피웠으니 말이다.

당시 차이나타운의 몇몇 음식점은 눈에 잘 띄는 곳에 MSG를 사용하지 않는다고 써 붙여두었다. 호기심 많은 아이였던 나는 아버지께 그게 무슨 뜻이냐고 물었다. '중국 음식 증후군'으로 불리는 현상과 이것이 중국 요리에 첨가되는 MSG라는 화학물질과 관련이 있다는 것을 알게 된 것도 그때였다.

평소 과학에 푹 빠져 살았기에 MSG가 글루탐산나트륨을 줄인 표현이며 MSG가 맛을 증진시키는 물질이라는 건 알고 있었다. 하지만 중국 음식 증후군이 대체 뭘 의미하는지는 전혀 몰랐다. 나는 차이나타운에서 식사를 한 후에 이상한 변화를 느낀 경험이 없었고, 너무 맛있어서 평소보다 늘 더 많이 먹는다는 점이 문제라면 문제였다. 하지만 우리 이모는 실제로 중국 음식 증후군을 겪었고, 그래서 MSG를 사용하는 식당은 가지 않았다.

과학 지식이 늘어난 후 이 요상한 증후군에 관한 의문도 해결됐다. 글루탐산나트륨이라는 화학물질은 글루탐산의 한 종류이고, 먼저 글루탐산을 물에 녹여서 글루타메이트를 만든 다음 나트륨을 첨가해서 결정으로 만든 것이다. 글루탐산나트륨의 기초 단위는 생물학 곳곳에 등장한다. 글루탐산은 단백질을 이루는 필수아미노산 중 하나이고, 나트륨은 신경전달을 비롯한 엄청나게 많은 생물학적인 기능을 수행하는 필수 요소로 최종적으로는 뇌 기능에 영향을 준다. 둘 다 인체 곳곳에 존재하는 물질인 데다 글루탐산나트륨이 물에 첨가되면 곧바로 이 2가지로 각각 쪼개지므로 중국 음식 증후군의 증상이라는 두통, 무감각, 어지럼증, 심장이 두근대는 증상, 호흡곤란과 같은 변화가 어떻게 일어나는지는 확인하기가 어렵다.

이 현상에 관심을 가진 건 나뿐만이 아니었다. 중국 음식을 먹은 다음 나타나는 영향을 재현하기 위해 이중맹검 방식으로

(180쪽 참고) 수많은 연구가 반복적으로 실시되었으나 모두 실패로 돌아갔다. 이것을 어떻게 해석해야 할까? 과학적인 관점에서는 글루탐산나트륨이 일으킨다고 알려진 증상의 원인은 다른 곳에 있다는 의미가 아닐까? 하지만 사람들은 그런 증상을 분명히 겪었다고 이야기한다. 뿐만 아니라 중국 음식 증후군의 증상이 실제로 나타난다는 사실이 측정되고 입증되기도 했다. 그러나 이중맹검 방식으로 실시된 과학 연구에서는 재현되지 않았다.

여기서 우리는 위약(플라시보)과 꼭 닮았지만 성질은 전혀 다른 쌍둥이, 노시보nocebo 효과의 세계로 들어서게 된다. 라틴어에서 온 표현인 '플라시보'는 '좋아질 것이다'라는 의미인 반면 노시보는 '해로울 것이다'라는 뜻이다. 위약의 개념은 오래전에 등장했고 노시보 효과는 비교적 최근에 알려졌다. 16세기에 의학자들이 쓴 여러 논문에 설탕으로 만든 가짜 약이 어떤 경우에는 치료 효과를 보였다는 내용이 나온다.

위약 효과에 관한 첫 연구는 영국 의사 존 헤이가스John Haygarth가 실시했다. 1799년에 시작된 이 연구에는 '퍼킨의 트랙터'라고 불리는 기구가 사용됐다. 미국에서 수입해온, 바늘처럼 생긴 이 값비싼 도구는 이상이 생긴 부위에 가만히 올려놓기만 해도 어떤 병이든 다 낫는다고 알려졌다. 헤이가스는 나무를 깎아서 만든 단순한 막대기로도 동일한 효과를 얻을 수 있다는 사실을 보여주었다.

이후 의학계는 위약에 효과가 있다는 사실은 인정했지만, 그것이 어떻게 작용하는지는 거의 밝히지 못했다. 심지어 처음에는 임상시험 결과를 다 망쳐놓을 수도 있는 성가신 문제로만 여겨졌다. 예를 들어 어떤 신약의 치료 효과를 확인하려고 할 때 표준 시험법은 환자 중 일부에게는 그 신약을 사용하고 다른 환자들은 사용하지 않는 것이다. 그런 다음 신약을 처방받은 환자와 받지 않은 환자를 비교해서 신약이 어떤 작용을 했는지 확인한다. 그런데 나타난 효과가 그저 위약 효과였다면, 신약이 실제로 아무짝에도 쓸모가 없다는 의미가 될 수 있다.

이런 문제를 해결하기 위해 세 번째 환자 그룹을 마련해서 설탕으로 된 알약을 제공한다. 환자 그룹에 이것이 진짜 약이라고 이야기하고 이 위약 대조군에게서 나타난 영향을 진짜 신약을 제공한 그룹의 결과와 비교한다. 위약 대조군까지 포함되면 임상시험은 더더욱 복잡해질 수밖에 없다.

이후 과학자들은 위약이 어떠한 약물보다 효과가 우수한 경우도 있고, 정말로 치료받는 것만큼 유익할 수도 있다는 사실을 밝혀냈다. 과민성대장증후군을 예로 들어보자. 복통과 복부 팽만감, 속이 부글거리는 증상과 변비 또는 설사 같은 불쾌한 증상을 유발하는 이 병은 환자에게 위약을 제공하거나 가짜 치료를 실시했더니 40~50%는 효과가 있는 것으로 나타났다. 이런 병 자체가 질병이 아니므로 진짜 치료가 아니어도 치유될 수 있다고 생각하는 사람도 있을 것이다. 그러나 과민성대장증후군은 상당히 실질적이고 측정 가능한 증상이 동반되며, 실제로 겪는 환자들에게는 심각한 문제다.

또한 여러 가지 기능적 증상이 발생한다. 즉 증상이 발생한 부위에서는 원인을 찾을 수 없지만, 뇌에서는 문제를 인지하고 인체는 그에 따라 반응하는 것이다. 간질 발작, 극심한 통증, 팔과 다리의 기능 상실, 심지어 시력 상실까지 엄청나게 다양한 문제가 이러한 기능적 증상의 범위에 포함된다. 기능적 증상은 문제가 생긴 조직과 뇌의 소통이 제대로 이루어지지 않는 신경학적인 문제에서 비롯된다고 추정된다. 증상은 실제로 나타나지만 일반적으로 예상되는 원인은 그 증상을 일으킨 원인이 아니다.

과민성대장증후군의 경우 위약이 뇌가 기대하는 약의 효과를 충족시킴으로써 어긋난 소통을 바로잡는다고 볼 수 있으므로, 위약 효과가 나타난다고 설명할 수 있다. 실제로 자신이 위약을 복용하고 있다는 사실을 알아도 위약 효과는 나타났다. 그리고 굳이 환자에게 위약을 주면서 진짜 약이라고 속일 필요가 없다는 사실도 밝혀졌다.

하버드 의과대학의 테드 캡트척Ted Kaptchuk 교수는 2017년에 과민성대장증후군의 위약 효과를 조사한 연구에서, 참가한 환자들에게 각각 어떤 약을 제공하는지를 정확하게 알렸다. 이 연구에는 약 성분이 전혀 없고 설탕으로 된 약이 위약으로 사용됐다. 그 결과 위약 효과는 여전히 나타나는 것으로 확인됐다. 게다가 오랫동안 수없이 다양한 치료를 시도했지만 아무 소용이 없다가 위약을 먹고 증상이 호전됐다고 밝힌 환자들도 있었다. 위약을 제공받고 증상이 개선된 환자 중 1명은 이 약이 설탕이라는 사실을 분명히 알면서도 효과를 계속 얻고 싶은 마음이 너무 절실해서 위약을 계속해서 제공해달라고 요청했다.

위약 효과에서 확인된 이 뜻밖의 효과는 놀랍지만, 사실 캡트척의 연구는 그동안 위약이 불러일으킨 심각한 윤리적 문제를 해결하기 위해 시작됐다. 환자는 의사가 약을 주면서 자신의 병을 낮게 하는 데 도움이 되는 약이 포함되어 있다고 알려줄 때 그 약을 먹겠다고 동의한다. 하지만 이렇게 건네는 약이 실제로는 위약이라면 거짓말을 한 셈이므로 환자와 의사 간의 신뢰가 무너질 뿐만 아니라, 효과가 있는 약이라는 전제로 이루어진 환자의 동의를 깨뜨리는 것이 된다. 수많은 의사가 고민하는 윤리적 딜레마는 이 지점에서 비롯된다. 캡트첵은 적어도 일부 환자의 경우에는 의사가 환자에게 모든 것을 공개하고 정직하게 지금 처방해준 약은 위약이고 약 성분이 전혀 없다고 알려주더라도 위약 효과가 나타날 수 있으며, 윤리적인 딜레마에서도 벗어날 수 있다는 것을 보여주었다.

위약 효과가 가짜 약을 처방할 때만 나타나는 것은 아니다. 가짜 수술로 위약 효과가 나타난 사례도 여러 건 밝혀졌다. 관절염 환자의 무릎 수술은 무릎 관절에 특수한 기구를 삽입해서 잔여물질을 제거하고, 무릎뼈의 거친 표면을 깨끗하게 만드는 것이 표준화된 수술법이다. 보통 전신마취 후에 무릎 한쪽을 작게 절개한 후 도구를 삽입한다.

미국 휴스턴의 한 연구진은 이 치료를 받게 된 일부 환자를 대상으로 전신마취 후 절개까지는 그대로 실시한 뒤 아무것도 하지 않았다. 그런 다음 절개한 부분을 다시 꿰맨 뒤 환자를 회복실로 옮기고 수술이 잘됐다고 이야기했다. 그 결과 이 과정을 거친 환자들 중 많은 수가 수술 전에 있었던 통증이 사라졌다고 밝혔다. 가짜 수술이 성공한 것이다.

이 연구는 2가지가 쟁점이었다. 첫 번째는 윤리적인 관점에서 환자가 수술을 받은 것처럼 생각하게 하는 것이 올바른가

하는 것이고, 두 번째는 가짜 수술의 효과가 진짜 수술과 거의 비슷한 수준이었다는 것이다.

위약 효과에는 단점도 있다. 노시보 효과가 바로 그것이다. 이 현상은 환자들에게 약을 제공하면서 발생할 가능성이 있는 모든 부작용을 구체적으로 알렸을 때 처음 관찰됐다. 부작용이 생길 수 있다는 사실을 알리면 실제로 부작용을 겪을 가능성이 커진다. 심지어 위약을 처방받은 경우에도 부작용이 나타날 수 있다. 예를 들어 학자들이 혈압을 낮추는 약물인 베타차단제를 이용한 과거 임상시험 데이터를 살펴본 결과 위약을 제공받은 대조군 환자들 중 부작용을 겪은 비율이 실제 베타차단제를 제공받은 환자들과 동일한 것으로 나타났다. 환자 개개인은 자신이 진짜 약을 받았는지 위약을 받았는지 알지 못하므로 실제 복용한 약과는 무관하게 나온 결과였다. 약을 복용한 쪽과 그렇지 않은 쪽에서 부작용이 비슷한 수준으로 보고됐다면, 발생한 모든 부작용은 약 복용 시 발생할 수 있는 부작용을 전달받은 후에 나타난 노시보 효과일 가능성이 매우 높다.

위약 효과와 노시보 효과는 분명 실제로 존재한다. 기분으로 그치는 것이 아니라 정량화할 수 있고 측정할 수 있는 여러 증상이 나타나는 사람들을 대상으로 가짜 치료를 실시하고, 일부 경우 어떤 치료를 받는지 전부 다 알리더라도 최종 결과, 즉 증상의 상태는 바뀐다. 플라시보 효과가 나타나면 호전되고, 노시보 효과가 나타나면 악화된다. 환자가 기능적인 문제, 다시 말해 뇌와 신경계의 소통과 관련된 문제를 겪고 있다면 더욱 인상적인 결과가 나올 수 있다. 위약은 상당히 큰 효과를 일으킬 수 있다. 시험 중인 약보다도 효과가 더 확실한 경우도 있어서 우려하는 의사들도 있다. 약이 정말로 쓸모가 있는지, 약물 치료의 효과가 알고 보면 전부 위약 효과 아니냐는 의문이 제기되기 때문이다.

미국의 심리학자 어빙 커시Irving Kirsch는 항우울제에 관한 모든 연구결과를 종합적으로 분석한 결과, 약효가 위약보다 아주 약간 더 나은 수준이라고 밝혀 큰 논란을 일으켰다. 상황을 더 복잡하게 만드는 요소도 있다. 가령 정교하게 계획된 약물 시험에 참여하는 것 자체가 일종의 대화요법에 해당하고, 환자가 우울증에서 벗어나는 데 도움이 될 수 있다는 것이다. 이는 우울증 환자의 상태를 측정하는 방식과 병을 개선시키는 방법이 현재 얼마나 형편없는 수준인지를 보여준다.

한편, 런던 임페리얼 칼리지의 정신의학자 제임스 워너James Warner는 항우울제가 위약보다 2배는 더 효과가 우수하다는 정반대의 결과를 발표했다. 과학계에서는 실험과 분석 방식을 두고 현재 심도 깊은 논란이 이어지고 있다. 하지만 이 논란은 위약이 어떤 방식으로, 왜 효과가 있는지에 관해서는 전혀 설명하지 못한다.

브리스톨 대학교의 피트 트리머Pete Trimmer가 시베리아 난쟁이 햄스터를 대상으로 실시한 연구에서 흥미로운 가능성이 제기됐다. 손바닥에 올려놓아도 편안하게 앉아 있는 이 조그마한 털뭉치 같은 동물은 몸집이 더 큰 사촌 격인 시리아 햄스터와 달리 전체적으로 털이 회색이고 코부터 꼬리까지 짙은 색 줄무늬가 있다. 2가지 이유에서 어린아이들이 반려동물로 키우기에 안성맞춤이라 대부분의 반려동물 판매점에서 구입할 수 있다. 그 첫 번째 이유는 몸집이 아주 작아서 차지하는 공간이 작다는 것이고, 두 번째는 수명이 1년에서 1년 6개월 정도라는 것이다. 보통 아이들이 반려동물에 관심을 갖는 기간이 딱 그 정도이고, 대부분 4개월 정도만 지나면 이후 10여 년의 세월을 부모가 대신 돌본다. 시베리아 난쟁이 햄스터가 행동연구에서 실험동물로 활용되는 이유도 같다.

그런데 이 동물이 무언가에 감염됐을 때 나타나는 면역반응이 조명 상태에 따라 달라진다는 의견이 나왔다. 햄스터 우리 위에 조명을 설치한 후 낮은 길고 밤은 매우 짧은 시베리아 지역의 여름철과 똑같은 패턴으로 빛을 쪼여주면 햄스터의 면역

반응이 왕성하고 강력해지지만 시베리아의 겨울철 날씨와 같은 패턴으로 빛을 주면 면역기능이 거의 사라진다는 것이다.

트리머는 이러한 관찰 결과를 토대로 각 전략의 비용 대비 편익을 예측할 수 있는 컴퓨터 시뮬레이션을 제작하고, 왜 햄스터에게서 이러한 변화가 나타나는지 확실한 근거를 제시했다. 그가 밝힌 결과를 이해하기 위해서는 먼저 알아야 할 것이 있다. 면역계가 활성화되려면 몸의 자원이 집중적으로 공급되어야 한다는 것, 특히 이 조그마한 생물이 혹독한 시베리아의 겨울철에 살아남으려 애를 쓸 때 더욱 그렇다는 사실 말이다. 이런 이유로, 시베리아 난쟁이 햄스터는 여름에 생긴 질병, 즉 대응할 수 있는 자원이 충분히 많을 때 생긴 질병에만 면역반응을 나타내도록 진화한 것으로 추정된다. 겨울에 무언가에 감염되면 그대로 목숨을 잃는데, 만약 면역기능이 발휘되어 감염에 맞서려고 하더라도 어차피 결과는 마찬가지다. 그래서 겨울에는 감염을 약화시킬 수 있는 면역기능을 최소한으로 활용하는 도박 같은 방식을 택하고 귀중한 자원은 추운 겨울을 이겨내고 생존하기 위해 쓸 수 있도록 아껴둔다고 해석할 수 있다.

여기서 재미있는 가능성이 제기됐다. 환경 조건에 따라 면역반응이 계절별로 달라지는 이러한 현상이 다른 동물, 특히 사람에서도 나타날까? 먼 옛날 호모 사피엔스 시절에 인간에게도 이와 비슷한 계절별 면역반응이 나타났다는 사실을 떠올리면 전혀 가능성이 없는 의견도 아니다. 신석기 시대부터 농경 생활이 시작되면서 겨울철에 자원이 부족해지는 문제가 크게 줄어 이제는 계절에 따른 차이는 드문 현상이 되었다. 그러나 면역계에서 일어난 그 별난 진화의 흔적이 남아 있다가, 우리가 이상적인 환경이라고 생각하는 상황에서 활성화될 가능성이 있다. 먹으면 병을 치유하는 데 도움이 된다는 어떤 약을 제공받는 경우도 그런 환경이 될 수 있다. 실제로 받은 약이 설탕이라도 말이다.

이 흥미로운 가능성은 위약 효과가 나타나는 이유를 조금은 설명할 수 있지만 그 효과가 어떻게 작용하는지, 그리고 어떻게 활용할 수 있는지 알아내려는 노력에는 도움이 되지 않는다. 위약 효과의 유전학적인 특성을 조사 중인 하버드 의과대학에서 답이 나올 수도 있다. 위약 효과의 당혹스러운 특징 중 하나는 환자마다 효과가 천차만별이라는 점이다. 아주 강력한 효과가 나타나는 사람도 있는가 하면 아무 효과가 없는 사람도 있다. 하버드 의과대학의 캐서린 홀Kathryn Hall은 이런 이유에서 유전학적인 영향을 조사하기로 했다. 위약 효과가 크게 나타나는 경우 특정 유전자와 관련이 있는지 확인해보기로 한 것이다.

현재까지 총 11개 유전자가 위약에 나타내는 반응과 상관관계가 있는 것으로 밝혀졌다. 새로운 경험을 열린 마음으로 시도하는 사람, 외향적인 사람이 위약에 더 크게 반응한다는 사실은 이미 밝혀졌지만, 유전학적인 영향이 처음으로 확인된 결과였다. 그중에서도 두드러지는 유전자가 있다. 바로 카테콜아민-O-메틸 전이 효소catecholamine-O-methyl, 줄여서 COMT로 불리는 단백질이 암호화된 유전자로, 위약 효과와 연관성이 있는 것으로 추정된다. COMT는 우리가 즐거움과 보상, 통증이 완화되는 기분을 느끼게 하는 뇌의 신경전달물질인 도파민이 분해되는 과정에서 생긴다.

　　백인에서 상당히 흔히 발견되는 COMT의 돌연변이 유전자가 있는데, 2가지 버전의 COMT 돌연변이 유전자를 보유한 사람은 뇌의 도파민 농도가 크게 증가하는 것으로 나타났다. 한 연구에서는 이와 같은 이중 돌연변이 유전자를 보유한 사람은 병원에서 입원 치료를 받을 때 진통제를 스스로 투약하도록 할 경우 이용량이 적은 것으로 나타났다. 체내 도파민 농도가 다른 사람들보다 높기 때문이다.

　　홀은 과민성대장증후군의 위약 치료 효과와 COMT 유전자의 이중 돌연변이의 관계를 확인하는 연구를 시작했고, 이중 돌연변이 유전자를 가진 환자는 위약에 반응하는 확률이 2배

가까이 더 높다는 사실을 확인했다. 유전학적인 측면을 고려하면 환자에게 꼭 맞는 치료를 제공할 수 있다는 흥미로운 가능성이 열린다.

앞서 말한 '중국 음식 증후군' 역시 그것을 경험한 사람들에게는 아주 생생한 일이지만 과식과 노시보 효과일 가능성도 있다. 비슷하게는, 현대판 중국 음식 증후군이라 할 수 있는 '글루텐 불내증'도 연구에서 재현이 잘 안 되는 것으로 볼 때 어쩌면 노시보 효과일 수 있다. 정말로 그렇다면, 특히 유전적으로 글루텐에 민감 반응이 나타나는 사람들이 이 문제를 해결하는 가장 효과적인 방법은 아이러니하게도 위약을 처방받는 것이다.

미각과 후각을
믿지 마라

어떤 재료로 만든 음식을 전혀 다른 재료로 만든 것처럼 믿게 하려면 어떻게 해야 할까? 넘어야 할 장애물이 많다. 전 세계 과학자들이 이 문제에 주목하기 시작한 이유는 간단하다. 농업과 영양 분야에 나타난 이 방 안의 코끼리 같은 문제는, 바로 우리가 고기를 지나치게 많이 먹는다는 것이다. 사람이 먹을 육류를 생산하는 일은 음식과 에너지를 만드는 방법 중 가장 효율성이 낮다. 윤리적·정치적 문제로 여겨지는 경우도 많지만 그건 핵심이 아니다. 열역학과 과학적인 법칙의 측면에서 그렇다.

모든 생물학적인 과정은 본질적으로 어느 정도는 비효율적이다. 다양한 과정과 유기체를 거치려면 에너지 손실이 일어난다. 극히 드문 예를 제외하면 지구상에 존재하는 모든 생물은 태양으로부터 자신이 쓸 에너지를 얻는다. 식물은 광합성으로 태양의 에너지를 붙잡아 최대한 낭비를 줄인 방식을 적용하여 당류, 탄수화물, 단백질과 같은 복합 분자로 전환한다.

지구에 사는 동물은 이 식물을 먹고 에너지를 얻는다. 그리고 먹이사슬에서 더 높은 위치에 있는 동물은 식물을 먹고 사는 다른 동물을 먹는다. 이 구조에서 단계가 하나 바뀔 때마다 에너지는 소실된다. 그저 몇 % 사라지는 정도가 아니라 절반 내지는 3/4이 사라진다. 그러므로 우리가 육류를 먹을 때, 그것이 생선이든 닭고기든 쇠고기든 맨 처음 태양에너지를 붙잡은 식물과 우리가 먹는 고기 사이에 엄청난 에너지 손실이 발생한다.

반대로 우리가 직접 식물에서 에너지를 얻고 그 사이에 있는 다른 동물을 뛰어넘으면 이런 비효율성도 사라진다. 식물로 된 식품은 육류보다 땅도 덜 차지하고 물과 다른 자원도 덜 든다. 음식의 칼로리, 또는 열량을 기준으로 발생하는 탄소 발자국의 양도 적다. 그러니 폭발적으로 늘어나는 전 세계 인구가 다 먹고 살려면 고기를 덜 먹어야 하는데, 사람들은 고기를 참 좋아한다. 어딜 가나 육류는 중요한 식품으로 여겨지고, 많은 사람이 맛있다고 생각한다. 중국의 경우 소득이 증가한 1970년과 2007년 사이에 1인당 육류 소비량이 400%까지 증가했다.

상황이 이렇다 보니 식물로 고기를 만들자는 계획이 등장했지만, 굉장히 어려운 일로 드러났다. 육류의 고유한 어떤 특징 때문이 아니라, 우리가 음식을 구분하는 능력이 미세한 감각 정보가 합쳐진 결과이기 때문이다. 이러한 감각 정보 중에는 비교적 쉽게 파악할 수 있는 부분도 많지만 그렇지 않은 부분도 있다.

예를 들어 쇠고기가 들어간 햄버거를 생각해보자. 일단 이 음식의 맛부터 정확하게 알아야 하는데, 이것은 간단하게 해결됐다. 저명한 생화학자인 팻 브라운Pat Brown은 은퇴가 가까워진 무렵에도 그동안 일군 학문적 성취로 만족할 수 없었다. 분자생물학 분야에서 몇 가지 중대한 발견을 했고 상도 많이 받은 브라운은 미국의 가장 뛰어난 과학자 중 한 사람으로 꼽힌다. 그는 식품 생산이 우리가 맞닥뜨린 가장 심각한 환경 문제라고 판단했고, 식물로 육류 대용물을 만드는 일에 관심을 갖기 시작했다. 그가 불가능한 식품이라는 뜻의 '임파서블 푸드 Impossible Foods'라는 회사를 설립한 지도 어느덧 10년이 넘었고, 이제 우리는 이 업체가 만든 '임파서블 버거'를 구입할 수 있다.

쇠고기 햄버거의 맛을 정확히 파악하는 것은 비교적 쉬운 일이다. 혀로 감지하는 맛과 화학물질은 몇 가지에 불과하기 때문이다. 문제는 냄새였다. 우리가 음식의 맛을 인식할 때 너무나 중요한 역할을 하는 것이 냄새다. 브라운의 연구진은 확보할 수 있는 최상의 실험기기를 활용했다(이들이 미국 최고 명문대인 스탠퍼드대에서 연구를 했다는 점을 감안하면, 분명 아주 멋진 기기일 것이다). 그 기기로 분석한 결과, 음식의 풍미를 이루는 감칠맛과 냄새는 모두 헴haem이라는 유기물질에서 비롯되는 것으로 밝혀졌다.

헴은 우리 몸의 적혈구에 존재하며 몸속 곳곳으로 산소를 운반하는 단백질인 헤모글로빈의 구성요소로, 아마 친숙한 이름일 것이다. 혈액의 고유한 색과 육류 특유의 맛은 이 헴과 관련이 있었다. 여러 식물에도 헴이 존재하며, 형태는 다소 다르다는 사실도 밝혀졌다. 스탠퍼드대 연구진은 실험을 이어간 끝에 효모 세포에 유전공학 기술을 적용하여 식물 성분으로 헴이 포함된 물질을 만들어내는 데 성공했다. 그리고 이 물질을 임파서블 푸드에서 개발한 햄버거에 첨가하자 맛도 냄새도 진짜 고기와 놀라울 만큼 흡사한 버거가 완성됐다.

쇠고기를 잘게 갈아서 만든 햄버거 고기의 질감을 입에서 그대로 느끼도록 만드는 것은 상당히 까다로운 일이다. 이 질감을 살리기 위해 식품과학자들이 개발한 각종 묘책이 무수하게 활용된다. 우선 기본적인 질감은 밀과 대두에서 추출한 식물성 단백질로 얻는다. 여기에 식물 수지와 여러 가지 특별한 종류의 전분을 넣으면 쫄깃함이 생기고, 씹을 때 치아에 느껴지는 독특한 저항감도 만들어진다. 고기의 육즙은 특별한 맛이 나지 않는 코코넛유를 첨가하면 포화지방과 거의 흡사한 촉촉한 맛을 낼 수 있다.

가장 최근에 나온 임파서블 버거의 후기를 보면 가짜 버거지만 진짜 버거와 상당히 비슷하다는 평가가 많다. 이 정도 성과로 충분히 만족하는 사람들도 있지만 팻 브라운은 아직 멀었다는 입장이다. 고기가 들어가지 않은 햄버거를 만드는 목표가 고기를 덜 먹도록 하는 것이라면, 가장 좋은 것은 식습관을 바꾸는 것이다. 하지만 스스로 그런 선택을 할 필요성을 못 느끼는 사람들에게는, 가짜 버거가 진짜 버거보다 더 맛있어야만 그 목표를 이룰 수 있다.

임파서블 푸드는 지금까지 만든 것보다 육즙이 더 많고, 더 균일한 품질의 저렴하고, 요리하기 쉽고, 환경은 물론 소비자의 건강에도 더 나은 제품을 만들자는 목표를 세웠다. 고매한 포부지만 이 목표가 이루어진다면 분명 변화가 일어날 것이다.

물론 여러분들 중에는 왜 이런 노력을 해야 하는지 의아해하는 사람도 있을 것이다. 핵심은 사람들이 그냥 고기를 좋아한다는 것인데, 어쩌면 맛이 좋아서라기보다 문화적인 선택일지도 모른다. 진짜 고기와 거의 흡사한 육류 대용품은 이미 많이 나와 있다. 두부를 비롯해 두부를 만드는 과정에서 나오는 얇은 막을 여러 겹으로 쌓고 발효시켜서 만든 가짜 닭고기 제품도 있다. 유명한 육류 대용식 중 하나인 세이탄Seitan은 밀가루 반죽에서 전분을 다 제거하고 글루텐 단백질 구조만 남겨서 만든다. 단백질로 꽉 찬 이 쫄깃한 재료는 그 자체만으로도 맛이 뛰어나고 닭고기와 크게 다르지 않다. 하지만 채식주의자 중에 소름 끼칠 만큼 고기와 비슷한 음식을 원하는 사람은 별로 없다. 우리의 식품 생산 능력을 보다 효율적으로 활용하고자 한다면 고기 대신 채소를 좋아하는 법부터 배워야 한다.

실험실에서 만드는 고기는 동물에서 육류를 얻어서 만드는 햄버거와는 전혀 다른 방식으로 만들어진다. 소에서 얻은 세포를 매우 특수한 실험실 환경에서 배양해서 수거하고 하나로 뭉쳐 버거에 들어가는 고기 모양으로 만든다. 2013년에 최초로 개발된 실험실 생산 버거가 음식 평론가들로부터 호평을 받자 전 세계의 많은 업체가 실험실에서 만든 닭고기, 생선, 심지어 오리고기까지 만들어냈다.

SURVIVING IN
A CROWD

군중 속에서 살아남기

6

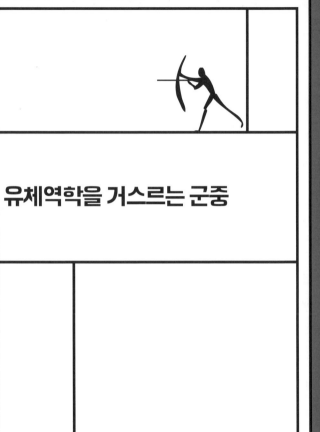

유체역학을 거스르는 군중

극소수의 예외를 제외하면 인간은 본질적으로 사회적인 존재다. 머릿속에 사회성 없는 몇몇 친척과 동료들이 떠오를지도 모르겠지만, 인간은 모두 다른 인간과 소통하려는 욕구가 있다. 사람들과 모여서 사회적인 집단을 형성하고 함께 시간을 보내는 것은 진화적으로도 반드시 필요한 일이다. 다른 사람들과 떨어져 오랫동안 고립되면 악영향이 나타나고 심리적 · 정신적으로 영구적인 문제가 생길 수 있다. 독방 감금은 많은 국가에서 사법적 징벌의 한 방식으로 활용되고, 같은 이유로 비윤리적으로 이용될 가능성이 있다.

핵심은 사람 주변에 다른 사람들이 있어야 한다는 것이다. 과거 인간은 가족끼리 모여 정착해서 살다가 다른 부족과 함께 지냈고, 이후 인구 수백만 명의 도시를 이루었다. 한곳에 모이는 사람의 수가 많아질수록 더 큰 집단 속에서 살아갈 확률도 커졌다.

그렇다면 '군중'은 정확히 몇 명을 의미할까? 영어에는 '2명이면 친구고 3명이면 군중'이라는 표현이 있지만 정말 이 말에 동의하는가? 버스정류장에 3명이 서 있는 것을 보고 군중이라고 말하는 사람은 없을 것이다. 군중의 정의를 내리는 건 쉽지 않은 일이며, 엄밀히 말하면 '무더기 역설'에 해당한다.

기원전 4세기, 밀레투스 출신의 고대 그리스 철학자 에우불리데스가 처음 제기한 이 역설의 내용은 다음과 같다. 바닥에 곡식 100만 알이 쌓여 있다면 누구나 곡식이 무더기로 있다고 이야기한다. 여기서 누가 곡식 1알을 뺀다고 해도 마찬가지다. 그러나 이렇게 1알씩 계속 빼다가 바닥에 곡식이 딱 1알만 남게 된다면, 이건 분명히 무더기라고 할 수 없다. 그럼 언제부터일까? 어느 시점부터 무더기가 더 이상 무더기가 아닐까? 이를 군중의 정의에 적용하면, 눈으로 보면 알게 된다고 답할 수 있다. 특히 자신이 그 군중에 포함되어 있을 때 그렇다.

산업계는 여러 사람이 한꺼번에 안전하게 이동할 수 있는 기준을 1m²당 최대 4명이라고 본다. 아마 감이 잘 오지 않을 것이다. 바닥에 가로세로 50cm 크기의 정사각형이 하나 그려져 있고 1칸에 1명씩 들어간다. 그렇게 수백 명의 사람들도 같은 면적의 네모 안에서 서 있거나 제자리걸음을 한다고 상상해보라. 앞뒤에 있는 사람과의 간격은 20cm 정도이고, 옆 사람과

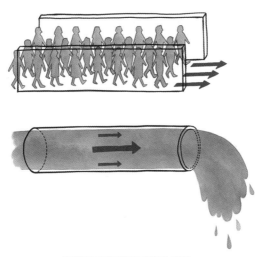

사람의 흐름과 액체의 흐름은 전혀 다르다.

는 어깨 간격이 겨우 5cm에 불과할 만큼 가깝다. 1m²에 4명이
함께 있는 건 그 정도로 비좁고 불편하다.

　과학자들이 군중의 움직임을 처음 연구할 때는 유체의 흐름
에 관한 여러 공식을 비슷하게 적용할 수 있다고 가정했고 이
는 합리적인 판단으로 여겨졌다. 그러나 금세 그렇지 않다는
사실이 뚜렷하게 드러났다. 군중의 흐름은 유체의 흐름과 상당
한 차이가 있다. 예를 들어 유체역학의 주요 법칙인 하겐-푸
아죄유의 법칙Hagen-Poiseuille law은 종류와 상관없이 모든 유체
는 긴 관을 따라 흐를 때 관 중앙에서 가장 빠르게 흐르고 벽과

가까운 곳에서는 유속이 가장 느리다고 설명한다. 고정된 관의 내벽과 이동하는 유체 사이에 생긴 마찰력 때문에 속도가 느려지는 것이다. 이는 구리 파이프를 흘러가는 물, 폐로 유입되는 공기, 빨대로 빨아먹는 음료수에 모두 적용되는 법칙이다.

그러나 놀랍게도 군중의 흐름에는 적용할 수 없다는 사실이 밝혀졌다. 긴 복도를 따라 이동하는 군중에 하겐-푸아죄유 법칙이 적용된다면 중앙에 있는 사람들이 가장 빨리 이동하고 벽쪽에 있는 사람들은 느리게 이동한다고 추정할 수 있다. 하지만 사람과 벽 사이에는 마찰력이 없고, 마찰력 비슷한 것이 있더라도 비켜서 걸어간다. 따라서 벽과 얼마나 가까운가와 상관없이 모두가 같은 속도로 이동한다. 사람은 유체역학의 법칙을 깨는 존재다.

심리학자들은 사람에게 3가지 공간이 있다고 본다. 약 50cm의 범위는 함께 사는 파트너, 자녀와 공유하는 '친밀한 공간'이며 친구, 가족들과는 1.5m의 '사적인 공간'을 공유한다. 세 번째 '사회적 공간'의 범위는 최대 3.5m다. 누군가 범위에 맞지 않는 곳에 침범하면 매우 불쾌하다고 느끼고 무의식적으로 행동이 바뀐다.

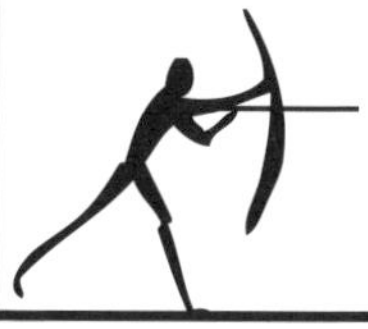

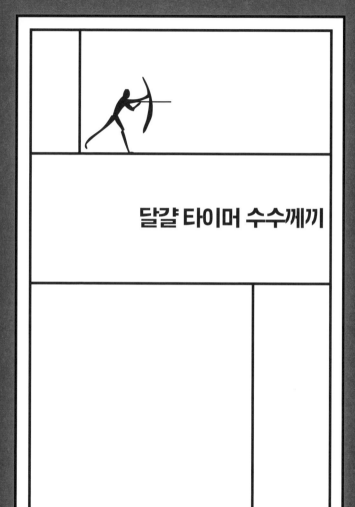

달걀 타이머 수수께끼

■

여러 사람이 모인 집단이 일반적인 유체역학의 법칙을 따르지 않는다는 사실이 명확해지자, 군중을 연구하던 과학자들은 다른 독특한 집단행동에 관심을 갖기 시작했다. 영국 맨체스터 메트로폴리탄 대학교의 키스 스틸Keith Still 교수는 웸블리 스타디움에 모인 7만 5,000여 명의 군중에 끼어 건물 밖으로 빠져나오던 중에 그런 행동을 하나 발견했다.

때는 1992년 4월 20일, 에이즈 인식 재고를 위해 개최된 프레디 머큐리 추모 콘서트가 열린 날이었다. 콘서트가 끝나고 스틸 교수는 엄청난 인파와 함께 스타디움의 여러 출구 중 한 곳을 향해 나아갔다. 그런데 출구에 가까워지자 문 바로 앞에서 이동 속도가 견디기 힘들 만큼 느려졌고, 사람들 틈에 그대로 꼼짝없이 갇혀 있어야 했다. 거의 가만히 서 있는 것이나 다름없을 정도로 조금씩, 아주 조금씩 출구 바깥으로 나가기까지 30분이 넘게 걸렸다. 시간이 너무 지체되자 처음에는 낙심했지만 곧 분석하기 좋아하는 과학자의 뇌가 가동되기 시작했다.

스틸 교수는 왜 문 바로 앞에서 흐름이 이렇게 느려졌는지 궁금했다. 하겐-푸아죄유 법칙대로라면 출구 바로 앞에 있는 사람들이 가장 빠르게 이동해야 하는데 막상 그 지점에 다다르니 아예 움직이지를 않았다. 마찬가지로 벽 가까이에서 이동하는 사람들이 가장 느리게 움직여야 하는데, 그쪽을 살펴보니 오히려 인파가 움직이고 있었다. 유체의 흐름과 같다면 출구 쪽 속도가 가장 빠르고 벽 쪽 속도는 가장 느려야 한다.

달걀 삶을 때 타이머로도 많이 쓰이는 모래시계에서도 이런 현상을 확인할 수 있다. 좁은 구멍 부분이 쑥 들어간 형태의 이 모래시계를 가만히 살펴보면 구멍 바로 위에서 모래가 가장 빨리 떨어지고 유리와 접촉하는 가장자리 쪽은 움직임이 거의 없다. 1992년에 한 스타디움에 모인 프레디 머큐리 팬들은 이 하겐-푸아죄유의 법칙과 정반대로 움직였다. 마침내 스타디움을 빠져나와 책상 앞에 앉은 스틸 교수는 어떻게 된 일인지 알아보기로 했다. 왜 군중은 일반적인 유체와 다르게 행동했을까? 그는 이 의문에 '달걀 타이머 수수께끼'라는 이름을 붙였다.

우선 군중의 흐름은 다른 관점에서 봐야 한다는 사실이 명확히 드러났다. 물과 같은 액체는 액체와 액체가 담긴 용기, 또는

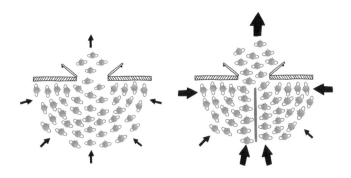

중앙에 장벽이 있으면 문을 빠져나가는 속도가 빨라진다.

관의 상호작용이 매우 중요하다. 최소한 액체를 구성하는 개별 분자의 상호작용만큼 중요한 요소다. 가령 물 분자는 자유롭게 움직이지만, 관의 내벽에 달라붙는 성질이 있어서 벽 쪽에서는 흐르는 속도가 느려진다. 하겐–푸아죄유 법칙의 내용이다.

그러나 사람들로 이루어진 군중은 정반대다. 군중을 이룬 분자 하나하나, 즉 한 사람 한 사람과 사람 사이에 어떻게 상호작용이 일어나는지를 생각하면 규칙이 변한다는 것을 알 수 있다. 사람은 벽과 거의 닿을 듯이 가까이서 걷기도 하고 꼼짝도 하지 않는 벽이 있어도 틈을 비집고 지나가거나 모퉁이에서 간신히 밀고 들어올 수도 있다. 벽이 옆에 있어도 내가 걸어갈 만한 공간만 있다면 나와 벽 사이에 마찰력은 없고, 옆에 벽이 있든 없든 같은 속도로 걸을 수 있다.

걷는 속도가 느려지는 이유는 벽 때문이 아니라 떼 지어 움직이는 다른 사람들 때문이다. 우리는 누구나 내면에 구축된 사적 공간이 있고, 이곳을 다른 사람, 심지어 낯선 이가 침범하면 불편해진다. 더 중요한 사실은 그곳에 끼어 있는 다른 사람들도 같은 심정임을 알고 있으므로 서로의 사적 공간을 침범하지 않으려고 애쓴다는 것이다. 인파 속에서 걸어갈 때 우리는 자신의 사적 공간을 계속해서 모니터링한다. 주변에 있는 다른 사람들도 마찬가지다. 그렇게 서로 부딪히지 않고 적당한 간격을 유지하려고 노력한다. 이 모든 노력 때문에 이동 속도가 느려진다. 군중 속에서 발생하는 마찰력은 사람과 사람을 둘러싼 벽이 아닌 군중을 이룬 개개인 사이에서 발생한다는 것이 중요하다. 인간이 하겐-푸아죄유 법칙을 따르지 않는 이유가 여기에 있다.

수많은 사람이 스타디움 출구처럼 좁은 공간을 한꺼번에 빠져나가려고 할 때 2가지 일이 일어난다. 출구 바로 앞에 있는 사람들은 앞으로 이동하다 보면 밀도가 더욱 높아지고 사람들 틈에 더 심하게 끼인다. 그만큼 한 사람이 차지하는 공간이 줄고, 타인과의 상호작용은 늘어난다. 이런 상황이 되면 남들과 부딪히거나 혹여 남의 발을 밟아서 민망한 상황이 생기지 않도록 더 천천히 움직인다. 스타디움 벽 쪽에서 이동하는 사람들은 이와 달리 사적 공간을 생각하지 않아도 된다. 즉 사람이 없는 쪽에서는 상호작용이 일어나지 않으므로 이동 속도를 늦출 필요 없이 적정 속도로 계속 걸어간다. 결과적으로 유체의 이동 법칙과 반대로 벽과 가까운 쪽에 있는 사람들이 가장 빠른 속도로 이동한다. 스틸 박사의 의문은 이렇게 설명할 수 있고 동시에 몇 가지 흥미로운 팁도 얻을 수 있다.

좁은 틈 또는 어떤 형태로든 제약이 있는 곳에서 한꺼번에 이동하는 군중 속에 있을 때 밖으로 최대한 빨리 빠져나가는 가장 좋은 방법은, 바로 가장자리로 가는 것이다. 벽이나 다른 장벽을 따라 이동하면 인파의 중심에 있는 사람들보다 빨리 나갈 수 있다. 나도 이 방법을 시도해보았고 실제로 도움이 되었다. 전철을 탈 때도 마찬가지였다. 특히 도쿄나 런던의 지하철처럼 혼잡한 열차를 탈 때, 문 바로 앞에서 기다리지 말고 약간 옆으로 비켜서는 편이 낫다. 열차가 도착하고 문이 열리면 안에 있던 사람들이 밖으로 나오면서 사람과 사람 사이에 상호작용이 늘어나기 때문이다.

또 하나의 팁은, 많은 사람이 한꺼번에 좁은 공간을 통과해 이동할 때, 인파를 통제하는 효과적인 방안이다. 스틸 박사가 알아낸 사실을 영리하게 활용하면 문이나 출입구 바로 앞에,

출구와 직각 방향으로 장애물을 세우면 된다(290쪽 그림 참고). 언뜻 보면 출구 바로 앞에 장애물이 있으니 통행에 방해가 된다고 생각할 수 있다. 그런 설치물을 보면 처음에는 어떤 멍청한 녀석이 저기다 저런 걸 세웠냐는 의문이 들 것이다. 상식적으로 생각해도 출구 앞을 벽으로 갈라놓으면 인파가 움직이는 속도가 느려질 것 같으니까 말이다. 그러나 상식이 늘 옳은 것은 아니다.

출구 앞에 뜬금없이 장벽이 생기면 인파는 왼쪽과 오른쪽으로 확실하게 나뉜다. 즉 문 바로 앞에 벽이 하나 더 생긴 효과가 나타나 벽 가까이에 있는 사람들은 타인과의 접촉이 줄어든다. 따라서 스타디움 벽을 따라 이동하는 군중처럼 흐름이 더 빨라진다. 이러한 장벽이 세워진 곳에서는 그렇지 않은 곳보다 군중의 전체적인 통행 속도가 빨라진다.

나는 실제로 이런 현상이 일어나는 광경을 정말 기쁘게도 스틸 교수와 함께 눈으로 확인한 적이 있다. 과학이 만들어낸 명확한 결과 앞에서 상식이라는 선입견이 무너지는 광경을 보고 있자니 흡사 마법을 보는 듯했다. 이것은 하필 1992년 4월 20일 웸블리 스타디움 출구 앞에서 스틸 교수가 인파 사이에 갇혀 있었던 덕분에 밝혀진 사실이었다.

모래시계를 누가 발명했는지는 미스터리로 남아 있다. 바빌로니아와 이집트에서 사용되던 물시계에 비슷한 특징이 나타나지만, 물 대신 모래가 사용되면서 측정할 수 있는 시간이 늘어나고 정확성도 향상됐다. 제대로 기록된 최초의 모래시계는 1338년 이탈리아의 어느 프레스코화에 등장하는 시계다. 모래시계는 인류 역사의 중대한 발명품이지만, 그 시작은 놀라울 정도로 불분명하다.

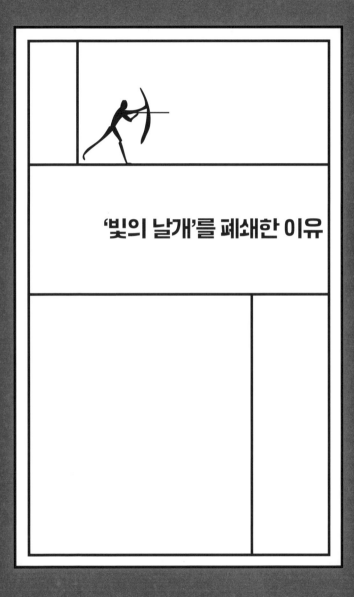

'빛의 날개'를 폐쇄한 이유

■

인파가 움직일 때 발생하는 희한한 영향은 세계 곳곳에서 나타난다. 2000년 6월 10일, 런던 밀레니엄 브리지가 개통됐다. '빛의 날개'로도 불릴 만큼 독창적이고 멋진 이 철재 다리가 처음 일반에 개방된 날 수많은 인파가 몰려들었고 통행 횟수는 약 9만 회를 기록했다. 동시에 최대 2,000명이 다리 위에 머무른 순간도 있었다. 결국 문제가 생겼다. 그 정도의 인파를 견디지 못하는 다리가 아니었음에도 불구하고 예기치 못한 일이 벌어졌다. 다리에서 진동이 느껴지고 상당히 위험하다 싶을 만큼 좌우로 흔들리기 시작한 것이다. 가장 심하게 흔들릴 때는 다리 중심부가 좌우로 10cm나 움직였다.

다리를 설계한 아럽Arup 사는 서둘러 통행자 수를 제한하기 위한 장치를 마련했다. 설계 단계부터 이미 논란이 많았던 만큼 언론은 미친 듯이 달려들어 비난을 쏟아냈다. 모양이 너무 흉물스럽다는 둥, 건설비 1,800만 파운드가 너무 과도하다는 둥, 심지어 처음 배정된 예산보다 220만 파운드가 더 들어간 점이나 예정보다 두 달이나 늦게 완공된 점도 거론됐다. 통행 제한 조치를 취하고 겨우 이틀이 지났을 때 다리는 또다시 심하게 흔들렸다. 혹시라도 추락하거나 다치는 사람이 생길 수 있다고 우려한 당국은 안전을 이유로 다리를 폐쇄한다는 결정을 내렸다. 세계적인 엔지니어링 기업인 아럽에게는 엄청나게 창피한 일이 아닐 수 없었다.

기자들은 밀레니엄 브리지가 흔들린 원인이, 사람들이 다리를 건널 때 발을 맞추어 걷기 때문이라고 신이 나서 설명했다. 이 다리와 멀지 않은 템스강 상류의 앨버트 브리지도 다리가 흔들리는 비슷한 문제가 나타났지만 그리 심각하지는 않았다. 앨버트 브리지에는 100년 전에 작성된 경고문이 하나 붙어 있는데, 다리 떨림을 방지하기 위해 '이 다리를 건너는 모든 병사들은 반드시 발을 바꾸어 걸어야 한다'는 내용이다. 밀레니엄 브리지가 발을 맞춰 걷는 사람들로 인해 흔들렸다는 지적은 사실이었다. 그러나 공학자들은 왜 사람들이 다리에서 발을 맞추어서 걷는지 알지 못했다.

우리가 바닥에 발을 내디디면 그 힘이 땅에 전달된다. 이 힘은 대부분 수직 방향으로 땅에 전달되지만 일부는 수평 방향으로 전달된다. 걸을 때 바닥 표면에 가해지는 힘은 앞으로만 발생하지 않고 옆으로도 발생한다. 쉽게 이해하기 힘든 이 측면 방향의 힘이 바로 다리를 떨리게 만드는 힘이다. 사람은 다리가 2개이므로 무게중심은 양쪽 다리 중 어느 한쪽에만 놓이지 않는다. 따라서 우리가 걸을 때 필요한 힘은 인체의 무게중심인 배꼽 부위에서 발을 향해 약간 기울어진 방향으로 전달된다. 이 방향이 약간 기울어져 있으므로 걸을 때 가해지는 힘 중 일부는 바닥 표면에서 측면으로, 즉 몸과 멀어지는 방향으로 발생한다. 이 힘은 아주 약한 수준이며, 많은 사람이 다리를 건너는 모습을 떠올려보면 다들 똑같은 속도로 걷는 것이 아니라 제각기 다른 속도로 걸으므로 이 작은 측면 방향의 힘도 제각기 다른 시점에 발생한다. 또한 절반은 왼쪽으로, 다른 절반은 오른쪽으로 발생할 것이므로 결과적으로 영향은 상쇄될 것이라 추정할 수 있다.

여기까지는 좋았지만, 밀레니엄 브리지는 다리 건설 기술을 새로운 경지로 끌어 올린, 전에 없던 최신 기법으로 설계됐다. 나는 이 다리의 특별한 아름다움이 섬세한 설계에 있다고 생각한다. 상당히 가늘고 단순한 구조는 '빛의 날개'라는 이름과 잘 어울린다.

기술적으로 분류하자면 이 다리는 현수교에 해당한다. 우리

다리 위에서 발맞춰 걷기

가 일반적으로 떠올리는 현수교는 골든게이트 브리지나 런던의 타워 브리지처럼 거대하고 높다란 탑이 우뚝 서 있고 굵직한 케이블이 다리 전체에 드리워진 형태다. 그런데 밀레니엄 브리지는 처음 보면 이런 특징이 나타나지 않는다. 탑이 있지만 짧은 토막처럼 느껴질 정도로 낮은 데다 수직으로 서 있는 것이 아니라 45도 정도로 기울어지도록 세웠다. 케이블도 분명히 있긴 한데 장식물처럼 설치되어 있어서 막상 다리에 올라보면 시야에 들어오지 않는다. 다리의 무게 전체를 지탱하는 건 바로 이 케이블이다. 현수교의 케이블은 장력이 굉장히 커야 한다. 즉 길게 늘어난 고무줄과 같은 성질이 있다는 의미이고, 그만큼 진동이 발생하기 쉽다.

　세상에 존재하는 모든 것은 자연적으로 진동이 발생하는 고유한 공진 주파수resonant frequency가 있다. 이 공진주파수를 기타와 같은 악기에 적용하면 음악이 된다. 밀레니엄 브리지는 장력이 굉장히 커서 이 공진 주파수가 1초당 약 1회인데, 이는 사람의 평균적인 걸음 속도와 정확히 일치한다. 우리는 1초에 대략 1걸음씩 걷는다. 오른쪽 발만 본다면 2초에 한 번꼴로 발이 바닥에 힘을 가한다고 할 수 있다.

　아럽의 설계자들도 이런 사실을 알았고, 다리를 건너는 사람들의 걸음으로 공진 주파수가 증폭될 수 있다는 것도 알고 있었다. 하지만 한 사람 한 사람에게서 발생하는 아주 작은 측면 방향의 힘은 앞서 설명한 것처럼 모두 상쇄될 것이므로 문제가 없다는 결론을 내렸다. 타당한 결론 같았지만, 실상은 그렇지 않았다. 설계자들이 생각하지 못한 것은 무엇이었을까?

　바로 인간은 자신이 걷는 곳 표면의 움직임에 엄청나게 민감하다는 사실이다. 우리가 생각하는 것보다 훨씬 더 민감하다. 발이 닿는 표면이 좌우로 몇 mm만 움직여도 사람은 무의식적으로 걸음을 조정한다. 바닥이 왼쪽에서 오른쪽으로 움직이면 오른발부터 내디딘다. 그렇게 하지 않으면, 예를 들어 바닥이 오른쪽에서 왼쪽으로 움직이는데 오른발부터 디디면, 바닥의 움직임이 몸의 가장 높은 부분을 오른쪽으로 이동시켜서 균형을 잃고 몸을 휘청거리게 된다. 따라서 다리가 1~2mm 정도로 극히 약하게 흔들리기 시작하는 순간 다리를 건너는 모든 사람이 그 흔들림에 따라 발을 맞춰서 걷는다. 그러니 사람마다 제각기 다르게 걸어서 힘이 상쇄될 수가 없다.

게다가 상황을 악화시키는 요소가 하나 더 있다. 수평으로 움직이는 표면을 걸을 때 우리는 안정성을 확보하려고 보폭을 넓힌다. 한 걸음 걸을 때마다 발을 더 멀리 디디면, 걸음마다 측면으로 가해지는 힘도 그냥 걸을 때보다 더 커진다. 이 2가지 효과가 결합되어 밀레니엄 브리지의 최대 수용 인원인 160명이 건너갈 때 다리가 좌우로 흔들리기 시작했고 20명 정도만 추가되어도 흔들림은 더욱 심해진 것이다. 그렇게 계속 흔들림이 심해지자 다리 위에서 걷기가 힘들 지경에 이르렀다.

그러므로 밀레니엄 브리지는 사람들이 발을 맞춰 걷는 바람에 흔들린 것이 맞다. 인간이 움직이는 바닥을 걸을 때 얼마나 민감하게 반응하는지 누구도 예상하지 못했기 때문에 생긴 결과였다.

이후 밀레니엄 브리지의 문제는 어렵지 않게 해결됐다. 다리에 가해지는 힘을 감쇠하는 장치를 설치해 흔들림을 줄였다. 아름답고 우아한 외관을 해치지 않고 이 장치를 추가하는 것이 관건이었다. 아럽 사는 2년에 걸쳐 이 과정을 완료했고, 감쇠 장치를 설치하는 데 500만 파운드가 추가로 들어갔다. 2002년 1월에 밀레니엄 브리지는 다시 개통됐고, 이제는 흔들리기는 커녕 꿈쩍도 하지 않는 다리 위에서 템스강의 멋진 풍경을 사 방에서 둘러볼 수 있게 되었다. 지역 주민들은 다리가 재개통 된 날부터 이 다리를 '흔들다리'라는 애정 어린 별명으로 부르 기 시작했다.

흔들리는 다리의 대표적인 예로는 1940년 7월에 미국 워싱턴주에서 개통된 현수교인 타코마 다리를 꼽을 수 있다. 개통된 해 11월에 강풍이 불자 다리는 공진 현상이 일어날 정도로 심하게 흔들렸고 결국 눈앞에서 다리가 붕괴되는 놀라운 광경이 펼쳐졌다. 이 사 태로 발생한 유일한 희생자는 다리 위에 있던 자동차에 갇힌 터비라는 코커스패니얼 강 아지였다.

줄 서기의 수학

다리를 건너는 사람들을 통해 새로운 과학적 사실을 발견할 수 있었던 것처럼, 줄을 서는 평범한 일에도 과학적으로 놀라운 사실이 숨어 있다. 여러 줄로 서서 차례를 기다릴 때, 꼭 내가 선 줄보다 옆줄이 빨리 줄어드는 것처럼 느껴진다. 피해망상이라고 일축하는 사람도 있겠지만, 그렇게 서둘러 단정 지을 일이 아니다. 실제로 그런 경우가 많다고 밝혀졌기 때문이다. 대부분 다른 줄이 더 빨리 줄어드는 것이 사실이며 이것은 피해망상이 아닌 수학과 관련이 있다.

슈퍼마켓에서 장을 보고 계산대 앞에서 줄을 서 있다고 상상해보자. 지금 서 있는 계산대의 왼쪽과 오른쪽 계산대에도 똑같은 수의 사람들이 줄 서 있다. 이때 여러분이 서 있는 줄이 느리게 줄어들고, 다른 줄이 더 빨리 계산을 마칠 확률은 얼마나 될까? 이 문제는 수학적인 확률로 바꿔서 '양옆의 줄이 더 빨리 줄어들 확률은 얼마나 될까?'로 표현할 수 있다. 이와 같은 확률 문제는 정반대의 상황을 떠올리면 답을 좀 더 쉽게 찾을 수 있다. 즉 여러분이 서 있는 줄이 가장 빨리 줄어들 확률을 구해보자.

먼저 계산원이 여러분을 미워해서 일부러 더 느리게 계산할 것이라는 음모론은 일절 없다고 가정한다. 그리고 계산대 앞에 있는 모든 직원이 동일한 속도로 물건을 계산하고, 줄 서 있는 사람들의 장바구니에 담긴 물건의 개수와 계산의 복잡성은 무작위로 정해진다고 가정한다. 다르게 설명하면 하필 오늘이 출근 첫날인 계산원이 있는 줄에 서 있게 될 가능성이나 여러분 앞에 줄 선 사람들이 전부 계산대에 물건을 산더미처럼 쌓아올릴 가능성은 배제하는 것이다.

이렇게 공정한 상황이 전제가 된다면, 여러분이 서 있는 줄과 왼쪽, 오른쪽 줄 중에 어느 한쪽이 가장 빨리 줄어들 확률은 같아진다. 즉 가장 먼저 계산이 완료될 확률은 똑같이 1/3 또는 약 33%다. 여러분이 서 있는 줄이 가장 먼저 계산을 마칠 확률은 33%이고 양쪽에 있는 줄이 더 빨리 계산을 마칠 확률은 2/3, 약 66%가 된다.

그러므로 어느 줄에 서 있건 다른 줄이 더 빨리 줄어들 확률은 내가 서 있는 줄이 가장 먼저 줄어들 확률보다 2배 더 높다 (각각 33%와 66%니까). 나만 대기 시간이 가장 길다고 느껴지는 것은 그저 기본적인 확률의 문제인 셈이다. 줄이 가장 빨리 줄

어들 확률을 높이고 싶다면 길게 늘어선 계산대 중 양쪽 가장
자리에 있는 곳으로 가면 된다. 옆줄이 하나밖에 없으니 먼저
계산을 마칠 확률은 50%가 된다.

그런데 여기서 또 하나 짚고 넘어갈 것이 있다. 운 좋게 가장
빨리 계산을 마치는 줄에 서서 계산이 금방 완료된 경우, 이 일
은 심리학적으로 부정적인 경험에 해당하지 않으므로 기억에
남지 않을 때가 많다. 그래서 다음번에 어쩌다 유독 느리게 줄
어드는 줄에 서서 한참을 기다릴 때면, 다른 줄보다 계산이 빨
리 끝났던 과거의 일은 떠오르지 않는다. 이런 생각이 깊어지
면 왠지 누가 나를 일부러 괴롭히는 것 같다는 피해망상이 스
멀스멀 피어오른다.

지금까지 설명한 내용은 대기행렬 이론이라는 수학의 한 분
야이고, 우리가 살펴본 것은 빙산의 일각에 불과하다. 대기행
렬 이론은 서비스를 받기 위해 기다리는 대기행렬을 최적화하
는 방법에 관한 것으로, 1909년 덴마크의 공학자 아그너 얼랭
Agner Erlang이 전화연결을 기다리는 사람들의 대기시간을 줄일
방법을 연구하면서 처음 등장했다. 얼랭은 해결책을 찾았고,
이 원리를 줄 서서 기다리는 다른 상황에도 적용할 수 있다는
사실을 깨달았다.

뒤이어 다른 수학자들은 대기행렬이 형성되는 모든 행동을 글자 2개와 숫자 1개, 총 3자리로 된 암호로 표현하는 방법을 개발했다. 이 암호의 첫 번째 글자는 줄 맨 끝에 고객이 새로 줄을 서는 빈도다. 고정된 빈도로 확실한 간격을 두고 새로운 고객이 나타나면 이 첫 글자는 D로 표시한다. 이와 달리 새로운 고객이 무작위로 나타나고 마스코프 과정Markov process과 포아송 분포Poisson distribution를 따르는 경우, 즉 중간 확률이 가장 높은 분포 특징이 나타나는 경우 첫 글자를 M으로 표시한다.

암호의 두 번째 글자는 줄 선 사람 1명이 서비스를 받을 때 소요되는 시간이다. 이번에도 그 시간이 고정되어 있거나(D로 표시) 무작위로 분포한다고(M으로 표시) 본다. 암호의 마지막 숫자 하나는 그 줄에서 사람들에게 서비스를 제공하는 사람의 숫자를 의미한다.

이 모든 가능성을 고려할 때, 가장 단순한 형태의 대기행렬은 D/D/1이다. 첫 번째 D는 새로운 고객이 맨 뒤에서 새로 줄을 서는 빈도가 고정되어 있고 항상 동일하다는 것을 의미한다. 마찬가지로 두 번째 D는 고객 1명이 서비스를 다 받는 데 소요되는 시간이 고정되어 있음을 나타낸다.

인간이 관여하는 상황에서 대기행렬이 D/D/1이 될 가능성은 거의 없지만, 공장에서는 관찰할 수 있다. 예를 들어 병뚜껑을 닫는 기계를 떠올려보라. 기계가 병뚜껑 하나를 처리하는 속도보다 더 느리게 뚜껑 없는 병이 기계 앞에 도착하면, 대기행렬은 형성되지 않는다. D/D/1 형태의 대기행렬은 아주 간단한 수학 공식으로 나타낼 수 있다.

그러나 슈퍼마켓 계산대 앞의 줄은 다르다. 이 줄은 새로운 고객이 무작위로 나타나고, 1명이 계산을 마치는 소요시간도 무작위이므로 M/M/1 대기행렬에 해당한다. 이렇게 무작위성이 개입하면, 어떨 때는 줄 선 사람이 1명도 없다가 난데없이 통제가 안 될 만큼 줄이 길게 늘어 계산원이 추가로 더 투입되지 않으면 가게의 업무가 마비되는 상황이 될 수도 있다.

여기에는 복잡한 수학적 원리가 적용되며 다른 군중행동에서 나타나는 특징과 마찬가지로 직관적으로는 이해하기 힘들다. 예를 들어 계산원이 고객 1명의 일을 처리하는 데 걸리는 시간이 2배로 늘어나면 대기행렬의 평균 대기시간은 똑같이 2배로 늘어나는 것이 아니라 4배로, 즉 제곱으로 늘어난다.

재미있는 사실은 공중화장실에서 일어나는 현상도 이러한 대기행렬로 설명할 수 있다는 것이다. 여자 화장실 줄이 항상 남자 화장실 줄보다 훨씬, 비교도 못 할 만큼 더 길다는 사실을 아마 모두가 잘 알 것이다. 이 현상의 밑바탕에는(중의적인 표현 맞다) 본질적인 문제가 있다. 전 세계에서 실시된 조사에 따르면 남자 1명이 공중화장실에서 볼일을 마치는 데 소요되는 시간은 39초인데 반해 여성은 89초다. 2배 정도 더 오래 걸리는 셈이다. 위에서 예로 든 슈퍼마켓 계산대 줄의 내용을 적용하면, 화장실에서 볼일을 보는 시간은 계산원 1명이 손님 1명의 물건을 모두 계산하는 데 걸리는 시간으로 볼 수 있다. 둘다 동일한 M/M/1 대기행렬에 해당하므로 화장실에 줄을 선여성들은 남성들보다 최소 4배 혹은 5배 더 오래 기다려야 한다. 건물을 설계할 때 여자 화장실 면적을 더 넓게 할당하더라도 남성용 소변기가 차지하는 공간이 훨씬 적어서 결국 설치되는 소변기의 개수는 동일하거나 오히려 남자 화장실에 소변기가 더 많아지는 경우도 있다.

M/M/1 대기행렬 문제도 수학에서 답을 찾을 수 있다. 여자 화장실 앞에서 줄을 서서 기다리는 시간을 남자 화장실의 대기 시간과 동일하게 만들려면 화장실 칸이 최소 2배 더 많아야 한다. 남자 화장실에 변기 2개와 소변기 4개가 설치되었다면(총 6개) 여자 화장실에 변기를 12개 이상 설치해야 한다는 의미다. 안타깝게도 실제로 이런 경우는 드물다. 남성용 소변기가 차

지하는 면적은 화장실 한 칸의 절반 정도라서 남자 화장실에는 변기 하나당 소변기 2개가 설치된다고 가정할 수 있다. 그런 상황에서 여자 화장실에 2배 더 많은 변기를 설치하려면 화장실 면적은 3배 더 넓어야 한다. 화장실을 지을 때 대기시간이 거듭제곱으로 늘어난다는 사실까지 고려되는 경우는 드물다. 앞으로 화장실 앞에서 차례를 기다릴 때 대기행렬에 관한 여러 아이디어를 떠올려보기 바란다.

1850년대에 여성용 공중화장실은 여성해방운동의 한 부분으로 뜨거운 논쟁거리였다. 빅토리아 시대에 남성용 공중화장실은 꽤 많았지만 여성용은 없어서 여성들은 집과 멀리 떨어진 곳으로 외출할 수가 없었다. '여성위생협회' 등 여러 단체가 압력을 가한 후에야 비로소 여성들은 용변의 속박에서 벗어날 수 있었다.

비행기 빨리 타는 법

■

화장실에서 차례를 기다리느라 줄 서 있는 건 다소 짜증 나는 일이지만 인간의 군중행동이 경제적으로 상당한 영향을 발휘하는 경우도 있다. 2018년 말, 일본 항공사 전일본공수는 매년 수십억 엔을 절약할 수 있는 작은 변화를 도입했다. 그 변화란 승객들이 비행기에 탑승하는 방식을 바꾼 것이 전부였다.

전일본공수는 일본에서 항공기를 가장 많이 보유한 업체다. 일본의 국책 항공사는 일본항공이지만, 이 글을 쓰는 시점에 전일본공수가 보유한 항공기는 총 232대로 일본 국내선과 국제선 운항 비율에서 모두 우세하다. 매일 1,000회 가까이 이륙과 착륙이 이루어지는 규모다. 경제적인 측면에서 항공사에 수익이 발생하는 서비스는 항공기로 공중에서 승객이나 화물을 옮기는 일뿐이다. 활주로에서 지상 주행을 하거나 연료를 보충하는 시간, 청소, 승객이 항공기 안팎으로 이동할 때는 사실 수익이 나지 않는다. 엄밀히 말하면 이러한 일을 할 때는 오히려 돈이 나간다.

공항 1곳이 항공기 1대에 부과하는 평균 공항 이용료는 지상에 있는 시간 1분당 미화 약 35달러다. 별로 비싸지 않다고 생각할 수 있지만, 전일본공수의 경우 1년 동안 항공기가 공항을 방문하는 횟수만 35만 회가 넘으니 공항 이용료도 엄청나다. 학계와 산업계가 그동안 공항에서 항공기의 지상 체류시간을 줄이는 방법을 찾기 위해 연구에 골몰해온 것도 이런 이유 때문이다.

물론 이착륙 과정에서 활주로를 터덜터덜 달리는 시간처럼 줄이려고 해도 변경이 불가능한 부분이 많다. 하지만 항공기가 공항에 도착해서 승객과 화물을 내리고 실을 때는 여러 작업을 동시에 진행할 수 있다. 즉 항공기에서 승객이 내릴 때 연료 보충과 청소, 화물을 내리고 새로 싣는 작업이 함께 이루어진다. 모든 항공기의 공항 이용료에 가장 큰 부분을 차지하는 요소 중 하나가 승객이 비행기에 탑승해서 수화물을 짐칸에 넣고 자리에 앉기까지 소요되는 시간이다. 항공사가 알아서 조절할 수 있는 부분이기도 하고, 좁은 공간에 비좁게 끼어 있을 때 나타나는 인간의 행동과도 관련이 있다.

전 세계 여러 항공사가 채택한 일반적인 탑승 시스템은 '블록 탑승'이라는 방식이다. 탑승구에서 항공기 뒤쪽에 좌석이 배정된 승객을 먼저 호출한다. 보통 항공기는 총 3개의 블록으로 나뉘고 맨 뒤편 블록에 탑승이 완료되면 앞으로 넘어와서 다음 블록에 앉을 승객들을 호출한다. 이를 약간 변형한 방식도 몇 가지가 시도됐다. 탑승 블록을 앞뒤가 아닌 좌우 방향으로 나눠서 창가 좌석 승객이 먼저 탑승하도록 한 뒤 중간 좌석 승객을 태우고, 마지막으로 통로 좌석 승객을 태우는 방식도 있다.

어떤 형태든 블록 탑승 방식을 적용할 때, 보잉 757의 경우 소요시간은 약 30분이다. 참고로 보잉 757은 항공기 앞문으로만 승객이 탑승하며 중앙 통로 하나를 사이에 두고 좌우에 각각 총 130여 명이 앉을 수 있는 좌석이 3열로 배치되어 있다. 이 30분이라는 추정시간은 승객이 휴대 수화물 1개와 개인 소지품이 담긴 가방 1개씩만 갖고 들어온다는 전제로 나온 결과다. 블록 탑승 방식으로 소요시간을 약간 절약할 수 있지만, 전통적인 항공사들을 놀라게 한 방식이 등장했다. 바로 '무작위 탑승' 방식이다.

2000년대 초반에 등장한 저가 항공사들은 좌석 예약제를 없앴다. 항공기 여행이 시작될 때부터 예약제로만 운영되던 기존의 방식을 바꾼 것이다. 예약제를 없애고 나니 좌석 배정 방식도 승객이 무작위로 자리를 골라서 앉는 방식을 택할 수 있었다.

승객이 비행기에 일단 탄 다음에 알아서 자리를 선택하도록 하는 이 무한경쟁 방식은 사람들이 좋은 자리라고 여기는 곳에 서로 앉으려고 앞다퉈 달려가는 사태를 빚을 수 있다. 그러나 일반적인 블록 탑승보다 총 탑승시간이 최대 5분까지 절약되는 경우가 많다. 무작위 탑승은 사람들을 다급하게 만드는 것 같다. 서두르지 않으면 마음에 안 드는 자리에 앉아야 할지도 모른다는 생각이 드니까 말이다. 손으로 끌고 다니는 짐 가방은 전체적인 탑승 과정을 지연시키는 요소이므로 기내 반입 수화물을 더 엄격히 제한하는 것도 탑승시간에 영향을 줄 수 있다.

학자들은 사람들이 비행기에 오를 때 무엇을 하는지 자세히 살펴보기 시작했다. 어떤 상호작용이 일어나고 자리를 잡기 위해 어떤 다양한 전략이 활용되는지 조사한 결과, 비교적 적은 수의 승객이 전체 탑승시간에 큰 영향을 줄 수 있다는 사실이 명확히 드러났다. 탑승이 시작되고 이 일부 승객이 일찍 탑승해서 자리에 앉는 시간이 지체되면 이후 탑승시간 전체가 지연되지만, 이들이 거의 다 탑승을 완료하고 나면 이후에는 그러한 영향이 발생하지 않는다.

마찬가지로 일부 승객이 한 구역에 함께 자리를 잡고 일종의 작은 블록이 구성된 것처럼 일사천리로 탑승과정을 마치면 전체 탑승 소요시간이 빨라진다. 단, 손에 끌고 다니는 짐 가방이 많지 않은 경우에 그렇다. 현재 활용되는 탑승 시스템에 관한 데이터 수집은 어렵지 않지만 항공사가 실험적인 방식을 채택하게 하는 건 훨씬 더 어려운 일이다. 다행히 이제는 탑승 과정에 관한 데이터를 수집해서 컴퓨터 모델을 만들 수 있게 되었으니 가상의 환경에서 실험을 진행할 수 있다.

가상실험을 통해 수많은 차세대 탑승 시스템이 등장했다. 2008년에 당시 미국 페르미 국립가속기연구소 소속 우주물리학자로 근무하던 제이슨 스테판Jason Steffen 교수가 제안한 방법도 그중 하나다. 스테판 교수는 내게 2006년의 어느 날 시애틀 공항에 비행기를 타러 갔다가 탑승구까지 다 가서 비행기 내부로 이어진 복도에서 한참을 기다린 적이 있었고 그때 대체 무슨 일로 이렇게 탑승이 지체되는지 궁금해졌다고 이야기했다.

탑승구나 입국심사, 보안검색 단계에서는 지체될 일이 생길수 있지만 왜 복도에서 이렇게 기다려야 하는지 도통 알 수가 없었다. 그래서 그는 평소 저 멀리 태양 주변을 도는 행성들에쏠려 있던 시선을 잠시 항공기 탑승 방식으로 돌려보았다. 그가 떠올린 새로운 탑승 시스템은 최적화 알고리즘을 활용하는 방식이다. 이를 위해 우선 승객이 무작위 순서로 탑승하는 경우에 소요되는 시간이 어느 정도 되는지 알아낼 수 있는 컴퓨터 모델을 만들었다. 그리고 승객 2명이 무작위로 자리를 바꾸면 탑승시간이 어떻게 달라지는지 다시 계산했다. 시간이 단축된다는 결과가 나오면, 그 탑승 순서를 기준으로 다시 승객의 자리를 무작위로 바꾸고 같은 과정을 반복했다.

이렇게 컴퓨터 모델로 1만 회가량 탑승 시뮬레이션을 실시한 결과, 최적의 탑승 방식을 도출할 수 있었다. 약간 복잡한 방식인데, 우선 항공기 우측의 3열 좌석 중 창가 자리부터 승객을 앉히되, 한 줄로 쭉 앉는 것이 아니라 한 자리씩 건너서, 즉 짝수 번호 또는 홀수 번호에 해당하는 좌석만 채운다. 그런 다음 항공기 좌측 3열 좌석의 창가 자리부터, 오른쪽에 먼저 승객이 앉은 좌석과 대칭을 이루는 좌석을 채운다. 완료되면 이제 우측 창가 좌석 중 한 줄씩 띄워둔 남은 자리를 다 채우고 이어 좌측 창가 좌석도 마찬가지로 남은 칸을 채운다. 여기까지 끝내면 좌우 창가 좌석은 모두 채워진다. 같은 방법으로 항공기 우측 3열 좌석의 중간 자리를 채우고 좌측 3열 좌석의 중간 자리도 채운 다음 마지막으로 양쪽 통로석도 동일한 방법으로 채운다.

결과는 놀라웠다. 이론상 이렇게 하면 탑승시간을 절반 가까이 줄일 수 있다. 보잉 757의 경우 15분으로 단축할 수 있다는 결과가 나왔다. 스테판이 이러한 탑승 방식을 실험할 때 나도 참여했고 실제로 탑승시간이 크게 줄어든 것을 확인했다. 보잉 757 절반 크기의 모형을 만들어서 실시한 이 실험에서는 스테판의 방법을 적용하면 블록 탑승과 비교할 때 총 소요시간의 1/3을 절약할 수 있었다.

그러나 문제점도 발견됐다. 비행기 외부에서 발생하는 문제로, 실험에 참가한 66명의 승객을 다소 복잡한 순서가 정확히 지켜지도록 줄을 세우는 일이었다. 이 과정에만 30여 분의 시간이 소요됐다. 스테판이 제안한 방법은 비행기 내부의 탑승시간을 분명히 줄일 수 있지만, 탑승구 앞에서 30분을 더 기다려야 했다. 실제로 이렇게 한다면 고객들이 항공사의 서비스 품질에 대해 좋게 평가할 수는 없을 것이다. 현재 이 방법을 도입한 항공사는 아직 1곳도 없지만, 앞으로도 그럴 일이 없다고는 장담할 수 없다.

이탈리아 나폴리에서는 한 연구진이 디지털 맞춤형 방식을 적용하여 한 단계 더 높은 수준의 탑승 방법을 고안했다. 이들은 어떤 시스템을 도입하든 사람 간에 무작위로 일어나는 상호작용이 시간을 지체시킨다는 사실을 알아냈다. 특히 들고 온 짐이 많거나 느리게 움직이는 승객이 있으면 시간이 더욱 지체된다. 이에 연구진은 개개인에 맞게 좌석을 배정하는 시스템

스테판이 고안한 탑승방법

을 개발했다. 사전에 좌석이 정해지지 않은 경우에 적용할 수 있는 이 방법은, 승객들이 탑승구에 한 줄로 들어오도록 한 뒤 디지털 카메라로 스캔하여 승객을 2가지 기준에 따라 평가한다. 하나는 손에 들고 있는 짐의 부피이고 다른 하나는 움직임이다. 시스템에 적용된 알고리즘을 통해 이 2가지 등급과 바로 앞에 탑승한 승객의 정보를 종합하여 좌석이 배정된다. 좌석이 배정되면 승객은 사람들로 막혀 있지 않은 복도를 지나 (뒷사람에게 재촉당할 걱정 없이) 뒤에 착석할 수 있다. 스테판이 개발한 방법이 기본 토대가 되고 거기에 승객에 관한 추가 정보를 수집해서 활용하는 영리한 방식이다. 아직 다듬어야 할 부분이 상당히 많지만 보잉 757 기준 탑승시간을 단 12분으로 단축시킬 수 있다.

  사람들이 움직이는 흐름을 바꾸려는 이 모든 독창적인 시도들은 아직 갈 길이 멀다. 그러나 항공사 입장에서는 엄청난 비용절약 효과를 얻을 수 있는 일인 만큼 늘 참신한 아이디어를 갈구한다. 전일본공수의 사례에서도 그 효과를 확인할 수 있다. 이들이 도입한 새로운 시스템은 역피라미드 방식으로 불린다. 간소화된 스테판의 방식에 기본적인 블록 탑승 시스템을 더한 이 방식은 실험 결과 탑승시간을 평균 10분 단축할 수 있는 것으로 확인됐다. 전일본공수 항공기가 매일 1,000회 운항한다면 연간 최소 100억 엔(달러로 1억 2,500만 달러)을 줄일 수 있다는 의미다. 경제적인 절약 효과가 이 정도라면 실제로도 변화가 일어날 가능성이 높지 않을까?

유령 정체

인간의 군중행동에 관한 마지막 이야기는, 어떤 과학적인 원리가 숨어 있는지 알면 짜증이 솟구칠지도 모른다. 누구나 경험하는 일이고, 무엇으로도 막을 수가 없다. 도로 위를 달리고 있다고 상상해보자. 고속도로일 수도 있고 양쪽에 나무가 늘어선 일반도로일 수도 있다. 잘 가다가 갑자기 차량 흐름이 느려지더니, 꼼짝없이 멈춰버렸다. 그렇게 10~15분을 느릿느릿 기어가다가 다시 난데없이 도로가 뻥 뚫린다. 사고가 난 것도 아니고 공사구간이 있었던 것도 아닌데, 이런 짧지만 극심한 교통체증이 왜 생겼는지 알 수가 없다. 이런 현상을 '유령 정체'라고 한다.

교통체증을 과학적으로 분석하려는 흥미로운 시도가 이어져왔지만 유령 정체 현상은 2007년에 실시된 실험에서 처음으로 관찰됐다. 일본의 한 TV 프로그램에서 기획하고 나고야 대학교 연구진이 참여한 실험이었다. 실험을 맡은 유키 스기야마 교수는 차량 22대를 준비하고 약 73m 너비의 원을 따라 주행하도록 했다. 실험장소는 나고야 외곽에 자리한 나카니혼 자동차대학으로, 실험에 참여할 운전자를 찾기 쉬워서 이곳이 선택된 것으로 보인다.

연구진은 운전자들에게 시속 30km/h를 유지하도록 했다. 원형 트랙의 한정된 규모로 인해 앞차와 뒤차의 거리는 겨우 10m 남짓이었다. 지정된 속도와 차량 간격 때문에 운전자는 바짝 긴장해야 했다. 이 실험을 촬영한 영상은 언론을 통해 널리 알려졌고 지금도 인터넷에서 찾아볼 수 있다. 영상을 보면, 처음에는 별 문제 없이 트랙을 따라 잘 달리던 차량 흐름에서 이상한 일이 일어난다. 카메라가 설치된 곳 바로 앞쪽부터 여러 대의 차량이 갑자기 한꺼번에 속도가 느려지는, 축소판 유령 정체 현상이 나타난 것이다. 영국에서도 동일한 실험이 실시됐고 나는 직접 지켜볼 기회가 있었는데, 역시나 똑같은 현상이 일어났다. 차이가 있다면 영국의 실험에서는 차들이 완전히 멈춰 섰다는 것이다.

이 두 실험에서 확실하게 밝혀진 사실은 교통체증 자체는 제자리에 머무르지 않는다는 것이다. 즉 차량속도가 느려지거나 아예 멈춰서 밀집한 구간이 원형 트랙에서 점점 뒤로 이동한다. 차가 뒤로 간다는 말이 아니라, 정체가 일어난 차량 그룹의

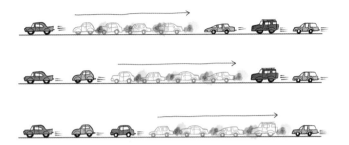

유령 정체 현상은 뒤로 이동한다.

구간이 뒤로 이동한다는 의미다. 느려진 차량들은 앞에 있는 차부터 정체에서 벗어나고 뒤쪽으로 다시 느려지는 차들이 늘어난다. 교통체증이 일어난 차량 구간이 이렇게 뒤로 이동하는 속도를 측정하면 거의 시속 20km/h다.

교통량이 많은 혼잡한 도로에서 차에 센서를 부착하고 속도 데이터를 수집해보아도 동일한 결과를 얻을 수 있다. 즉 유령 체증 현상이 일단 일어나면 정체 구간은 도로를 따라 시속 20km/h로 뒤로 이동한다. 세계 어느 나라에서나 마찬가지이고 차량 종류도 상관없다. 정체가 일어나는 속도는 늘 같다. 겉으로 보기에는 희한한 우연처럼 보이지만, 대체 왜 이런 현상이 일어나는지 파헤쳐보면 그렇지 않다는 사실을 알게 된다.

교통 연구가들은 처음에 유체의 흐름을 나타낸 방정식을 활용해서 차량 흐름을 설명하려고 했지만, 작은 출구로 빠져나가는 인파에서도 드러났듯이 인간은 물리학자들의 생각과는 다르게 행동한다. 이어진 여러 연구와 조사에서 도로를 달리는 차량 흐름에는 총 3가지 유형, 혹은 3가지 단계가 있는 것으로 확인됐다.

첫 번째는 운전자가 정한 속도와 도로에 정해진 제한속도의 준수 여부에 따라 제각기 다른 속도로 달리는 자유로운 흐름이다. 그러다 차량 밀도가 높아지면 흐름이 동기화되는 단계로 들어선다. 이 단계의 특징은 모든 차량이 같은 속도, 또는 거의 비슷한 속도로 달리는 것이다. 운전자가 원하는 속도와는 상관없다. 같은 도로를 달리는 다른 차량들로 인해 속도가 제한되고, 차선별 속도 차이도 시속 몇 km/h 정도에 그치는 경우가 많다.

마지막 단계는 광범위한 정체다. 기본적으로는 유령 정체 현상과 동일한 현상이다. 이렇게 차량 흐름에 단계가 바뀌는 근본적인 원인은 도로에 차량 밀도가 높아지거나 중간에 끼어드는 차량이나 대형 화물차가 늘어나는 것이라고들 생각한다. 도로에 차가 갑자기 많아지면 실제로 다음 단계로 넘어갈 가능성이 있다.

그러나 유령 정체 현상이 아슬아슬한 충돌사고가 일어나거나 차가 갑자기 끼어드는 것 같은 극적인 사건이 있어야만 발생하는 것은 아니다. 그러한 갑작스러운 상황도 원인이 될 수는 있지만, 실제 도로에서 그런 사건이 일어날 확률은 드물다. 그 확률보다 유령 정체 현상이 발생하는 비율이 훨씬 더 높다. 진짜 원인은 차량 밀도가 어느 정도 높아지면, 인간의 사소하지만 보편적인 반응이 점점 축적되어 같은 차선을 달리는 차량이 속도를 늦춰야만 하는 상황이 되고, 이것이 연쇄적인 반응으로 이어지는 것이다. 그 결과 그 차선의 차량 전체가 점점 느려져 결국 흐름이 완전히 멈춘다.

이렇게 시작된 유령 정체는 뒤쪽으로 확산된다. 이런 문제의 시초가 되는 인간의 보편적인 반응 중에 가장 뚜렷한 예는 앞차가 브레이크를 살짝 밟고 속도를 조금 줄이면 뒤차는 거의 대부분 브레이크를 앞차보다 좀 더 세게 밟는다는 것이다. 앞차와 부딪히고 싶지 않다는 자연스러운 반응이다.

그 외에도 잘 드러나지 않는 다른 원인도 있다. 차선 변경도 그중 하나다. 차선을 바꿀 때, 한 차선에서 다른 차선으로 넘어가는 동안에는 차선 2개를 동시에 점유하게 된다. 차가 한쪽에 절반, 다른 한쪽에 절반 걸쳐 있을 때는 엄밀히 말하면 두 차선을 다 쓰는 것이므로 다른 차량이 양쪽 차선 중 어느 한쪽도 사용할 수 없다. 차선 2개를 모두 사용한다는 것은 곧 차량 2대가 달리는 것과 같은 의미이고, 교통 밀도가 높아지는 영향이 발생한다. 교차로에서 같은 방향으로 달리는 차량이 늘어나면 차로 변경이 더 많이 일어나고 정체가 더 심각해지는 것도 도로의 밀도가 높아지는 또 다른 사례다. 그리고 이러한 상황이 모두 유령 정체 현상을 일으킬 수 있다.

내가 가장 인상 깊게 느낀 부분은 유령 정체가 도로 뒤쪽으로 이동하는 속도가 전 세계 어느 곳에서나 일정하다는 점이다. 문화마다 운전습관도 다르고 교통법규도 다른데 어떻게 이런 일이 일어날까? 교통체증 구간이 이동하는 속도가 시속 20km/h로 일정하다는 것은 정체의 근본 원인이 인간의 생물학적인 특성에서 기인한 것이라는 뜻이다. 유령 정체가 시작되는 이유는 인간의 반응 시간과 인지 능력, 심리학적인 특징에서 찾을 수 있다. 어떤 차를 모는지, 어디에서 운전하는지는 아무 상관이 없다.

유령 정체가 뒤로 점점 퍼지지 않도록 막는 방법이 있다. 앞차와의 간격을 더 넓게 유지하면 앞차가 브레이크를 밟아도 덩달아 밟아야만 하는 시점까지 더 오랜 시간이 소요된다. 그 결과 브레이크를 과도하게 밟는 빈도가 줄고, 다른 차들과 비슷한 속도로 계속 달리게 된다. 차량 흐름이 동기화되는 단계에서는 달리는 속도를 전체적으로 줄이면 동일한 효과를 얻을 수 있다. '스마트 도로'라 불리는 곳에서 속도제한을 다양하게 설정하는 것도 같은 이유에서다.

차량 밀도가 높아지고 흐름이 동기화되는 단계에 이르렀을 때 제한속도를 낮추면 교통체증 구간이 생기지 않도록 방지하는 데 도움이 된다. 모두 거의 같은 속도로 달리고 있을 때 차선을 바꾸지 않는 것도 도움이 된다. 이것 역시 스마트 도로에서는 표지판에 안내문구가 나온다. 다만 영 찜찜한 점이 하나 있다. 이런 노력은 모두 내 뒤에서 오고 있는 차들에게만 도움이 된다는 사실이다. 일단 유령 정체에 진입하면 아무리 주의를 기울여 운전해도 정체 구간에서 빠져나가는 시간을 단축시킬 수 없다.

위에서 제시한 모든 방법, 앞차와의 간격을 더 충분하게 유지하고, 속도를 줄이고, 차선을 변경하지 않는 것은 전부 내가 아닌 타인에게 도움이 된다. 죄수의 딜레마와도 같다. 이렇게 노력하면 전체적인 교통흐름이 더 빨라질 수 있고, 반대로 이기적으로 행동할 경우 교통흐름은 느려진다. 후자를 택하면 지금 당장은 꽉 막힌 도로에 갇힌 다른 사람들보다 더 빨리 갈 수 있겠지만 도로에 나온 사람들이 모두 이타적으로 행동할 때 시원하게 달릴 수 있는 속도만큼 빨리 가지는 못한다. 그러니 다음에 도로에서 또다시 유령 정체에 걸리면 지금 이 상황에 얼마나 매혹적인 과학적 원리가 숨어 있는지 떠올리며 즐길 수는 있겠지만, 빠져나갈 방법은 전혀 없다. 그러니 짜증이 솟구칠 수밖에.

교통정체는 수학뿐만 아니라 경제적인 문제이기도 하다. 자본주의 경제에서 재화는 지불능력에 따라 또는 선착순으로 분배된다. 도로를 달리는 차량은 도로가 다른 차들로 꽉 차서 교통체증이 생길 때까지 도로를 이용할 수 있으므로, 경제적인 측면에서 보면 지불 시스템을 바꾸거나 도로 이용료를 부과하지 않는 한 교통정체는 불가피한 일이다.

고백하건대 책을 쓰는 건 내 능력을 넘어서는 일이다. 그래서 나를 대신해 모든 과정을 알아서 처리해준 담당 에이전트 새라 캐머론Sara Cameron을 비롯한 테이크3 매니지먼트의 모든 직원들에게 깊은 감사를 전한다. 내가 컴퓨터 키보드를 두드려서 쓴 글을 말이 되게끔 만드는 건 넘어야 할 또 다른 산이었다. 이 점에 있어서는 마이클 오마라 북스 출판사의 소중한 도움에 감사드린다. 특히 편집을 맡아준 개비 네메스Gabby Nemeth에게 큰 신세를 졌다. 모든 내용을 말끔하게 다듬어주고 여기저기 남발한 쉼표를 지워준 것은 물론, 런던 남부 클래펌의 한 카페에서 함께 점심식사를 하다가 이 책의 아이디어를 처음 떠올리게 해준 장본인이다. 그날 우리가 나눈 런던 밀레니엄 브리지와 발맞춰 걷기에 관한 이야기가 개비의 호기심을 제대로 자극한 것 같다.

마지막으로, 우리 가족이 도와주지 않았다면 이 책은 나올 수 없었을 것이다. 내가 집에 있어도 견뎌준 식구들, 무엇보다 알게 모르게 내게 너무나 많은 영감을 불어 넣어준 아내에게 고맙다는 인사를 전한다.

– 마티 조프슨

당신이 인간인 이유

2021년 06월 23일 초판 1쇄 | 2023년 2월 7일 4쇄 발행

지은이 마티 조프슨 **옮긴이** 제효영
펴낸이 박시형, 최세현

책임편집 최세현 **디자인** 박선향
마케팅 이주형, 양근모, 권금숙, 양봉호 **온라인마케팅** 신하은, 정문희, 현나래
디지털콘텐츠 김명래, 최은정, 김혜정 **해외기획** 우정민, 배혜림
경영지원 홍성택, 김현우, 강신우 **제작** 이진영
펴낸곳 (주)쌤앤파커스 **출판신고** 2006년 9월 25일 제406-2006-000210호
주소 서울시 마포구 월드컵북로 396 누리꿈스퀘어 비즈니스타워 18층
전화 02-6712-9800 **팩스** 02-6712-9810 **이메일** info@smpk.kr

쌤앤파커스(Sam&Parkers)는 독자 여러분의 책에 관한 아이디어와 원고 투고를 설레는 마음으로 기다리
고 있습니다. 책으로 엮기를 원하는 아이디어가 있으신 분은 이메일 book@smpk.kr로 간단한 개요와 취지,
연락처 등을 보내주세요. 머뭇거리지 말고 문을 두드리세요. 길이 열립니다.